数字媒体时代的广播电视技术发展与应用

张洪冰　著

吉林科学技术出版社

图书在版编目（CIP）数据

数字媒体时代的广播电视技术发展与应用 / 张洪冰著. -- 长春：吉林科学技术出版社，2018.5（2024.8重印）
ISBN 978-7-5578-4359-5

Ⅰ.①数… Ⅱ.①张… Ⅲ.①广播电视—数字技术 Ⅳ.①TN93②TN94

中国版本图书馆CIP数据核字（2018）第097444号

数字媒体时代的广播电视技术发展与应用

著　张洪冰
出版人　李　梁
责任编辑　孙　默
装帧设计　李　梅
开　本　787mm×1092mm　1/32
字　数　150千字
印　张　8.125
印　数　1-3000册
版　次　2019年5月第1版
印　次　2024年8月第3次印刷

出　版　吉林出版集团
　　　　吉林科学技术出版社
发　行　吉林科学技术出版社
地　址　长春市人民大街4646号
邮　编　130021
发行部电话/传真　0431-85635177　85651759　85651628
　　　　85677817　85600611　85670016
储运部电话　0431-84612872
编辑部电话　0431-85635186
网　址　www.jlstp.net
印　刷　三河市天润建兴印务有限公司

书　号　ISBN 978-7-5578-4359-5
定　价　59.50元
如有印装质量问题　可寄出版社调换

作者简介

张洪冰，出生于1961年8月11日，河南省广播电视大学《电子技术及应用》专业毕业，中国人民解放军信息工程学院《信号与信息处理》专业研究生课程结业，高级工程师，现任职于河南广播电视台。从事广播电视相关技术工作39年，具有丰富的理论知识和实践经验，主要研究方向：广播电视传输与覆盖、数字广播技术。

前　言

随着科学技术的发展，以活动图像传输为主的电视技术在经历了被称作第一代电视的黑白电视和被称作第二代电视的彩色电视两个发展阶段之后，数字化时代已经到来，成为全世界广播电视技术发展的必然趋势。

由于广播电视已经进入千家万户成为人们日常生活中不可缺少的一部分，也是各类教育教学活动通常使用的重要媒体工具之一，所以广播电视也从节目采编、制作、存储、播出和节目的传输、发射、接收等环节向数字化发展，通过新的技术支持提高了节目的传输质量，使观众享受到更好的服务，满足不同观众的需求。与传统的模拟技术体系相比，数字广播电视技术新体系的特征主要体现在：传播方式从单向、固定转变为交互、移动；服务方式从单一服务转变为多样化、个性化服务；运行方式从离散、小规模、低效率转变为集约化、规模化、高效率、高效益，从封闭走向开放融合竞争。

在社会经济的推动下，通过数字技术、网络技术以及移动技术发展起来的新媒体对传统媒体产生了巨大冲击，加速进行新媒体技术的推广应用，加快数字化广播电视的基础建设，必将巩固和拓展党的舆论宣传阵地，提高公共服务质量与水平，促进相关产业的蓬勃发展。

本书突出数字媒体时代的创新技术应用，紧贴数字传媒技术发展现实和发展前沿。介绍了以数字技术为基础的各新传媒技术要素的基本概念和技术特点。全文内容精简、新颖、实用，原理深入浅出，通俗易懂。本书仅供广播电视工程技术人员以及无线电爱好者参考借鉴。

本书共分为六章。第一章主要介绍了现代广播电视的内涵。第二章介绍了广播电视技术的特点和广播电视技术发展简史以及我国广播电视媒体数字化、网络化的发展趋势。第三章介绍了数字媒体时代的广播电视技术基础。第四章主要介绍了电视信号的传输，包括地面广播电视传输系统、卫星广播电视传输系统、有线广播电视传输系统。第五章介绍了广播电视节目的数字传输与播出，包括广播电视节目的数字传输、数字化传输技术研究、广播电视节目的数字播出。第六章主要是介绍数字媒体时代广播电视技术的新传媒技术要素，包括DTMB地面数字电视技术、数字音频广播CDR技术、国家应急广播系统、大数据和虚拟现实技术。

由于时间仓促，而且数字技术发展比较迅速，作者水平有限，难免有疏漏和不足之处，敬请读者们批评指正。

作者

2018年4月

目　录

第一章　现代广播电视的内涵

广播电视是20世纪初的产物，在近百年的发展历程中，它正发生着日新月异的变化。如果说20世纪人类创造了电子传播技术的奇迹，那么当21世纪到来的时候，人们又迎来了全球化传播的新时代。卫星传送以及高速信息互联网的出现对传统广播电视提出了新的挑战，它预示着传统媒体正经历着剧烈的变革，即旧媒体向新媒体的嬗变，它被学者们称为“第三次媒介形态大变化”。正是在这样的前提下，我们提出了现代广播电视的概念，它主要表现出了三项基本特征，即：跨区域传播、跨媒体发展、跨文化交流。

第一节　现代广播电视是跨区域传播的新媒体

1964年，马歇尔·麦克卢汉（Marshall McLuhan）在他的专著《媒介通论：人体的延伸》一书中，首先提出了“地球村”（global village）的概念。他认为，由于广播、电视和其他电子媒介的出现，人与人之间的时空距离骤然缩短，整个世界又紧缩成了一个“部落村”或“地球村”。他把这称为人类社会的“重新部落化”阶段。他是在肯定广播电视的影响和作用时提出这一概念的。事实上，只有在电子传播中运用了卫星转发和网络数字传输技术，才使这个理想逐步得以实现。

一、现代技术创造了跨区域传播的条件

媒介传播技术的创新发展对传播行为产生无可估量的影响。现代传媒发展的历史脉络已经清晰地显示出加拿大学者哈罗德·英尼斯所提出的“偏倚空间的媒介”倾向。所谓“偏倚空间的媒介”，也就是说，传播媒介在跨越空间地域上具有极其强大的能力。如今，电子媒体所实现的远距离实时传播已经充分发挥出了传媒“偏倚空间”这项特性。特别是在全球性的重大现场直播活动中(比如，对奥运会开幕式、世界杯足球赛、两伊战争实况等的直播)，对于分布在世界各地的媒介受众来说，已经没有了“时差”的概念。当前，现代传媒在“时间”与“空间”两个维度上都改变了人们传统的观念。

美国著名的未来学家约翰·奈斯比特对于导致“地球村”出现的技术手段有不同的看法。他在《大趋势》一书中就指出：“苏联1957年发射的第一颗人造卫星，标志着全球信息革命的开始，这是正在成长中的信息社会所缺少的技术催化剂，其真正重要性在于它开启了全球卫星通信的时代。正是人造卫星把地球变成了马歇尔.麦克卢汉所说的全球村。麦克卢汉认为，电视是促成全球村的工具，现在我们知道，其实是通信卫星。”在这里，奈斯比特强调“人造卫星”是“地球村”的“技术催化剂”。我们可以把1969年7月20日看作是“地球村”的第一个节日。这一天，由美国土星五号火箭发射的阿波罗11号宇宙飞船抵达月球，宇航员阿姆斯特朗和奥尔德林开始了人类辉煌的月球之旅。世界上有47个国家约7亿观众通过卫星转播收看了从月球上发回的电视图像。这次“电视转播似乎就是‘地球村’的落成典礼，是信息时代到来的一个仪式”。

在20世纪末21世纪初电脑技术的一个巨大转变是，随着Internet（因特网）的普及和发展，电脑不再单纯是一种计算工具，而更重要的是变成一种通信工具，从而把人类历史推进到一个新的发展阶段——信息时代。“Internet”则被联合国命名为“第四媒体”，它使得“地球村”的图景更加明晰、辉煌。因特网的实时传播、双向互动、超级链接等优势，极大压缩了时空距离，并为传统媒体所利用。麦克卢汉提出的“媒介是人体的延伸”的科学假想，在多媒体中得到了验证。人们在虚拟的网络世界里得到了某种亲身体验，“海内存知己，天涯若比邻”正在成为生活中的现实。毫无疑问，因特网成为实现跨区域传播的另一项巨大的推动力。

事实上早在1985年，中国中央电视台就实现了通过通信卫星来传送节目。1986年，国务院批准新疆电视台通过卫星向地广人稀的广大区域传送电视节目，从根本上解决了这个边远省份电视节目传送难的问题。1988年4月，中国“东方红2号甲”卫星发射成功，国务院又先后批准西部地形复杂的西藏和四川的电视节目上星传送。1991年5月“亚洲1号”卫星发射，云南、贵州的电视节目也被批准上星。1993年7月，中国购进“漂星”——“中星5号”后，又有浙江、山东的电视节目通过卫星传送节目。至此，中央电视节目和7个省级电视节目上星，发挥了明显的社会效益和经济效益。其余各省级电视台为改善本省（自治区）的电视覆盖效果，扩大电视的影响，纷纷要求上星播出。1995年11月“亚洲2号”卫星发射成功，原广电部买断了3个Ku频段转发器，租用了4个c频段转发器。从1997年元旦开始，辽宁、广东、广西、湖南、湖北、河南、青海、江西、福建、内蒙古、安徽、江苏、陕西、黑龙江、北京和山西的电视节目陆续上星。

1997年8月，国务院领导批准所有省、自治区、直辖市的电视节目均可上星传送。从1998年10月起，宁夏、重庆、上海、甘肃、河北、天津、吉林的电视节目陆续上星。1999年10月海南的电视节目上星，标志着全国所有省级台节目全部通过卫星播出。这样，只要具备接受转发条件，所有的省级地方广播电视节目都可以实现跨区域的传播，乃至全球化传播。

综上所述，从“广播电视”——“人造卫星”——“因特网”的演变轨迹中，我们看到的这些都是促成“地球村”的基础条件。传统的电视从黑白电视发展到彩色电视，再发展到现在的有线电视、卫星电视、数字电视，广播也从原来的有线广播，发展到调频广播、数字广播、卫星广播，使广播电视逐步走向现代化，对社会产生越来越大的影响。这一过程，正体现了人类文明社会发展的必然趋势和客观规律。

二、市场环境提供了跨区域传播的可能

党的十四大根据邓小平建设中国特色社会主义理论，把建设社会主义市场经济体制作为我国社会发展的重要目标。1992年6月，中共中央、国务院下发了《关于加快发展第三产业的决定》。决定明确地把广播电视业列为第三产业并强调指出，只有使福利型、公益型和事业型的第三产业逐步向经营型转变，实行企业化管理，“做到自主经营，自负盈亏”，才能建立起充满活力的第三产业自我发展机制。既然广播电视作为第三产业，需要走进市场，那么市场就是没有边界的。“市级办广播电视”的方针在历史上曾做出过贡献，在国家财力有限的情况下，它有效地调动了地方办广播电视的积极性，促进了我国广播电视的大发展。但是在市场经济条件下，这种办台模式使行政边界成了市场边界，市

场被人为割裂，资源不能有效整合。各地以行政保护的手段应对市场竞争，直接导致两个结果：一是各级广播电视“小而弱，滥而散”；二是跨区域经营遭遇行政壁垒，困难重重。这种“画地为牢”的地方保护主义和封锁市场的行为，都是违背市场经济发展客观规律的，迟早会消减或退出。由于跨国传媒集团事实上的介入和我国社会主义市场经济体制的确立，广播电视长期在计划经济模式下实行的按行政区域划分和指令性传播的方式严重束缚了传媒产业的发展。原来分属于不同级别、不同区域行政保护的媒体正在逐步失去“吃皇粮”的地位，原来各自拥有的大小不等而又带有垄断性质的区域市场正在被瓦解。几乎在全国所有的传媒产业市场上都或明或暗地涌动着资源重组、市场重组、媒介重组、力量重组的浪潮。原有的品种单一、市场封闭的媒体已经显得势单力薄，不足以抗击开放后的市场浪潮和境内外强势媒体的冲击。

自20世纪90年代中期，由《广州日报》率先进行的多种媒介、跨行业、跨区域经营的改革正在向全国扩展。到2001年，全国已经有正式批准挂牌的报业集团26家、广播电视集团7家、出版集团8家。还有些媒体虽然没有正式获准建立集团，但也通过各种不同的渠道和方式进行了媒体重组和资产重组。在1999年中办30号文件下发以后，一些有实力、有发展规划的媒体整合了一批有市场、有发展的媒体及其资产，搭起了组建集团所必需的体制框架。有些媒体集团把部分属于经营性的产业采用借壳上市等合法的手段，完成了经营项目的多元化改造和融资渠道的多元化扩展。如上海广电集团（东方明珠）、湖南广播电视集团（电广传媒）、北京广播影视集团（歌华有线）等，甚至连国家级主流媒体也开始进入资本市场，如人民日报（燃气股份）、中央电视台（中视股份）等。这些媒体集团虽然规模不同、做法各异，但有一点是相同的，就是没有一家仍然局限在自己的“三十亩地一头牛”上，都开始了向其他媒体、其他行业和其他区域的扩张与渗透。

跨地区发展是传媒产业进入市场以后，以市场为主体展开竞争、扩张的必然要求。各地电台、电视台曾多次自发地进行跨地区合作。省级台联盟、城市台联盟、沿海城市台联盟、有线台联盟的不断出现，是跨地区重组整合趋势的萌芽，也是市场规律促动和媒体自身发展的必然结果。

卫星频道资源的利用也成为跨区域发展的途径。西部卫视频道一度成为东部中小媒体争夺的目标，尽管存在一定的风险和难度，但这种探索和尝试从未停止过。如杭州电视台曾尝试通过西藏卫视将节目上星，由于他们上星的节目仅限于地域性很强的新闻节目，再加上其他方面原因，尝试没有成功；2002年4月，浙江湖州电视台吸取杭州台的经验教训，买断了青海卫视白天9小时的节目时段，将自己的节目重新包装上星，引起全国广泛关注；上海文广为了实现跨地域发展，2002年底选中宁夏卫视“借壳上星”，计划利用宁夏卫视白天承载上视财经频道，晚上承载上视体育频道，出于保护地方利益的考虑，这项“借壳上星”计划最终没能实现。

这些探索、努力没有从根本上改变我国广播电视产业跨区域经营现状，但随着媒介竞争的加剧，走出本地域、寻求跨区域发展必将成为不可阻挡的时代潮流。央视推出西部频道、贵州卫视重新定位为西部黄金卫视、海南卫视改造为旅游卫视都是鲜明例证。

第二节 现代广播电视是跨媒体发展的新媒体

现代广播电视与传统广播电视的最大区别就是它的存在方式发生了变化。传统广播电视单媒体形态将逐步融入多媒体，也被称为“新媒体”。这种变化是不以人的意志为转移的广播电视的基本发展方向。目前我们正在推行的由模拟制播系统向数字制播系统转化的工作，只是向多媒体发展跨出的第一步，也是非常关键的一步。数字化之后，我们的电视机变成了多媒体信息终端，不仅能看电视节目，还可以听广播，可以获取多种信息资讯服务，可以通过电视购物、缴水电费，电视成为人们生活中不可缺少的工具，成为社会现代服务业的支撑平台。我们只能抱着积极的态度去主动迎接这种挑战，抱残守旧是没有出路的。

一、广播电视与多种媒体在内容形式上的互补融合

广播电视的信息网络化趋势改变了传统广播电视的传播观念，现代化的数字压缩技术使网络信息的存储、传递方面比传统广播方式具有绝对的优势。数字化的网络传输系统兼容报纸、图文、电话、广播、电视、电影传播功能并将其融为一体，从而从根本上提高了传播效率，降低了传播成本。网络中的广播电视不仅可供用户收听、观看，也可供用户检索、阅读、存储、评论、下载、剪辑和转发，从根本上改变了传统媒体信息单向流动的特征，给予受众前所未有的传播选择权和参与权。这种双向互动的方式强化了传播的效果，弥补了传统广播电视的不足，发挥出了前所未有的互补优势。

（一）传播功能的优势互补

SUN 微电子公司的杰可布·尼尔森（Jakob Nielsen）早在他的专栏文章《传统媒体的终结》中预言，大多数现行的媒体样式将被以综合为特征的网络媒体所取代：“为什么传统媒体的几种样式是各自独立的？为什么你必须在他们中间进行选择？比如，你只能在电视中看到新闻事件的活动图像；只能在报纸上看到新闻的完整报道；你只能在杂志上看到重大事件的深度分析报道？为什么所有这些东西不合而为一，成为一种单一的媒体？为什么不把新闻报道与百科全书的档案资料、地图集、报道中涉及的人物的自传、相关国家的历史小说及其他更多的读物连接起来呢？”广播电视传媒与网络传播一体化整合发展，有助于充分利用网络传播的优势，克服广播电视自身存在的许多缺陷。而广播电视传播和网络传播的一体化整合，使广播电视传播功能得到优势互补。因为微型电脑不仅可以单独处理资料、文字、声音、图像、视频，而且具有综合处理音频、视频、图像、文字等多类信息的功能，实现图文视听一体化。如网站上的广播电视节目，可以配备相关的图文及背景数据链接，为用户提供多方面的信息参考。电视曾经以声音和图像同步传播的优势，取代了印刷媒介。而网络传播实现了文字、图片、图表、动画、广播、电视等多种媒体功能的集中体现，因此，广播电视传媒和网络传播的一体化整合，为广播电视超越自身的局限拓展了无限宽广的天地。

（二）传播信息的有增无减

传统广播电视的信息容量只能局限在有限的时间段内，一个频道一天只有 24 个小时的信息容量，因此，信息流量变得非常有限。而广播电视传播和网络传播的一体化整合突破了传统广播电视线性播出的流程，使所有信息都可以同时储存在网络上，根据选择需要随时在网络终端呈现，从而大大增加了广播电视播出的信息容量。另外，计算机数字压缩技术使节目内容的存储和查寻变得简单可行。通过链接，用户可以随时随地访问所有存储节目的信息以及其他相关的内容。此外，文字、图片等多种信息传播功能的辅助配合，也进一步扩大信息传播容量。用户可以在与节目相关的文字、图片、声音等形式的背景资料进行链接的过程中，对节目相关信息做进一步的选择。

（三）传播时效的随机更新

广播电视节目由于按线性流程播出，最大的缺点就是稍纵即逝。这对于受众充分汲取、消化信息内容，存在很多不方便。而广播电视的网络一体化整合使节目内容既可同步实况播出，也可异步传播。也就是说，所有节目内容暂留储存在共时线上，供用户随时选择播出，从而有效地改变了传统广播电视节目只能同步接收、转瞬即逝的缺陷，大大增强了信息传播的有效性。另一方面，传统广播电视节目内容的更新往往受制于节目板块的整体安排，很难突破，而网络中的广播电视节目内容则可以超越板块的局限而随机更新，从而大大提高信息传播的时效性。

（四）传播区域的无远弗届

原来广播电视节目的覆盖范围受制于发射主体的技术条件、覆盖区域的转播条件和用户的接收条件。一般情况下，覆盖区域较小，只有实力雄厚、具有足够发射功率的广播电视公司才能把节目扩散到更远更大的区域。而广播电视传播与网络传播一体化整合后，通过网络，任何广播电视节目均可迅速实现全球性传播，大大加速了广播影视文化的国际化进程。正如美国传播学者沙利文特雷指出："计算机空间文化最有吸引力的地方是：任何人都可以与任何国家、任何地方的人直接沟通，能够在全球范围内实现知识共享。"

（五）传播媒体的超级链接

传统的广播电视节目由于按线性流程播出，用户只能根据节目时间表和节目预告，在预定的节目播出时间段查寻节目内容，接受效率极低。而广播电视传播和网络传播整合后，通过强大的网络搜索功能，用户所需的节目信息迅速呈现在显示器上，极大地加强了接收节目的确定性和针对性，提高了检索和利用信息的效率。

（六）传播受众的日益分化

传统的广播电视节目由于受线性播出的时间限制，节目容量极其有限。为了使有限的节目内容具有更高的接收率，广播电视节目只能采取面向大众的形式，以吸引尽可能多的听众或观众。而网络广播电视节目内容由于具有异步接收、共时线上的特性，传播容量趋向无限。为了拓展服务对象和内容，节目趋向于丰富性和多样化，既保证了大众化用户的需求，也有足够的信息空间满足受众个性化的需求。另外，丰富多彩的节目内容又使受众的思想情趣和审美需求多样化，从而反过来又对网络广播电视节目的多样化提出更高的要求，进而繁荣了节目创作，丰富了文化生活。

（七）传播形式的双向互动

传统的广播电视传播基本上属于单向和被动的传播方式，属于由点到面的单向传播。用户只能通过直接或间接对电视机或收音机进行控制来体现微弱主动性，通过电话、信件体现微弱的双向互动性，由于人力、物力所限，其有效性也可想而知。而广播电视传播与网络传播的一体化整合，使广播电视发展到由点到点的双向交互式的传播水平，从而从根本上改变了传统广播电视单向传播的缺陷，充分体现出人的主动性和传播的双向互动性。通过计算机接收直播广播电视节目，从行为本身的性质来看属于人机对话，即机器与用户之间相互反馈信息，由用户根据自己的时间、地点、兴趣主动搜索、选择节目的内容，控制节目的播放。特别是网络广播电视节目基本上处于共时线上状态，从而有效地克服了传统广播电视线性传播所导致的被动状态。

此外，网络传播所具有的极大的兼容性也为全方位的双向互动性提供了可能。这些综合性的网络传播功能包括文字交流、音频传播、视频传播交流，用户只要配备一个简单的麦克风和摄像头，就可以在接收节目的同时，与主办方或其他用户交流沟通。目前，网上很多节目内容都具有评论提示和转发提示，既供用户发表看法，做出直接的反馈，也便于用户以传播者的身份继续对该信息进行传播。网上的 BBS、QQ、E-mail、网络电话等就是在广大节目用户之间、用户和节目编辑之间进行双向互动性交流的常用形式。网上广播电视节目由于异步播出，节目容量趋于无限，从而使内容趋于丰富多样以满足各种不同的用户的需要。这样，用户不再需要按线性的播出流程被动地接收已经编排好的节目内容，而可以在无限广阔的节目信息空间中根据自己的爱好和需求检索、选择节目，从根本上获得主动性和互动性。因此，在使用网络接收节目的情况下，把用户定义为受众已经不是很恰当，因为这时用户已经改变了传统广播电视接收者的地位，成为人机互动关系中的主动者。

二、广播电视与多种媒体在产业经济上的互补融合

各类传播媒体之间应以互利互惠、共谋发展为原则，与各媒体运营主体开展各种形式的合作，力争使广播电视资源得到最大程度的综合利用，使它的宣传效果和服务水平得到最大程度的满足和完善，逐步发展成为多媒体、多渠道、多品种、多层次、多功能的综合性传媒产业集团。它首先应该着力抓好本系统资源的整合，包括对内部资源的挖掘和有效整合，同时对跨区域资源和其他媒体资源进行互利合作开发以及对民间资源的有条件利用吸收。科学地调整制作、播出、传输、分配之间的关系，最大限度发挥资源整合的优势，增强自己的核心竞争力。在新的体制框架下，以市场主体的姿态积极参与各省区之间广播电视领域的合作与发展，实行资源整合、优势互补、互利共赢，并建立起合作机制。应以市场为导向，排除区域合作的各种障碍，打破地区封锁的格局，逐步建立健全对内对外双重开放的统一的广播电视产业大市场，促使广播电视物流、人才流、资金流、信息流、品牌等各种生产要素实现跨区域、跨媒体自由流动。要在实行国有控股的前提下，鼓励和支持非公有资本进入广播电视产业领域，逐步形成以公有制为主体，多种所有制经济共同发展的广播电视产业格局，提升广播电视集团（总台）的整体实力和竞争力。资源整合的结果也促成了种种高效率新媒体的出现，目前新媒体已经呈现出以下一些发展态势：

（一）网络广播

自1996年12月15日广东珠江经济广播电台率先在网上进行实时广播以来，网络广播在中国已经得到广泛开展。截至2005年年底，除中国广播网和国际在线两大国家级音频广播网

站外，全国各省、直辖市、自治区的省级广播电台、97个地市级的广播电台都建立了广播网站，并开通了网络广播。另有一批商业性的网络电台也已开通。目前影响比较大的有“中国广播网”“国际在线”“听盟”等。

“中国广播网”原名为“中央人民广播电台网站”，1998年8月注册开通，2002年1月1日正式更名为“中国广播网”。这家网站提供中央人民广播电台9套节目网上直播、270多个重点栏目的在线点播服务，网站音频数据总量2TB（2048GB）。2005年7月28日，中国广播网又开通了“银河网络电台”，受众通过互联网和手机都可以收听到“银河网络电台”的节目。“国际在线”由中国国际广播电台主办，于1998年12月26日开通，拥有42种语言文字和46种语言音频节目。2004年10月起正式推出了汉语普通话网络电台节目，2005年7月13日正式开播了多语种网络电台。“听盟”是由千龙网、北京人民广播电台、国际广播电台、听听网络文化公司四家单位为主发起建立的商业性网络电台，拥有400多家合作伙伴，接近10万小时的音视频节目。“听盟”提供音频下载业务、语音增值业务、数字版权业务、在线广播业务等，用户每月支付较少的费用，就可以在线收听。至2005年底，“听盟”已发展注册50万用户。

（二）网络电视

中国网络电视与网络广播几乎同时起步。中央电视台于1996年开始建立了自己的站点。各省市级电视台都趋之若鹜，纷纷开辟了自己的网站，其中有些开设了可供点播的视频节目。到2005年底，各省、自治区、直辖市电视台（除青海省电视台外）都建立了自己的网站，并且开设有音频、视频的频道或栏目；108

个地级市电视台的网站开设有音视频下载或点播的频道或栏目。目前影响比较大的有央视国际（央视网络电视）、东方宽频以及电信部门的互联星空等。

“央视国际”是由中央电视台开办，以新闻信息传播为主，具有视音频特色的国家重点新闻网站。网站提供CCTV—新闻、CCTV—4、CCTV—9三个频道24小时网上同步视频直播，CCTV—1、CCTV—2、CCTV—5等频道有代表性的节目网上直播，以及各套节目的重点栏目、大赛、晚会、特别报道在网上的视频点播。每日视频节目制作量超过35小时，并提供有Real和Windows Media两种格式，56K、128K、300K多种视频码流，满足不同上网条件用户的收看需求。“央视网络电视”是中央电视台开办的网络视频运营商，于2004年5月31日开通。中视网络汇集了中央电视台自成立以来几十万小时的历史资料片，同时每天新增几十个小时的实时电视节目。用户通过央视网络电视可以随时点播自己喜爱的中央电视台各栏目的节目，还可以在线收看高质量的电视剧。中视网络已经向用户开通了付费服务。

上海东方宽频是上海文广集团创办的宽带网络电视业务运营机构，2004年1月正式运营。到2005年底，东方宽频的主站用户数约80万，其中收费用户数约18万。2005年7月，东方宽频的网络广播业务进入微软的网站门户，共加入4路中文网络广播，填补了中国内地在该流媒体全球门户中没有中文视听节目服务的空白。东方宽频与中国电信和中国网通均已建立战略合作伙伴关系，全面覆盖中国2000多万宽带网络用户。

中国电信的“互联星空”从2003年9月1513开始全面进入商业运营。“互联星空”本身并不是网络电视，但是它作为网络服务提供商，为开展音视频内容服务的网站提供了网络带宽资源和用户认证、费用结算的服务，从而使影视内容在宽带互联网上传播的技术壁垒和管理手段大为减少，网络内容供应商可以专注于音视频内容的制作与发布。网络资源的分配与协调、用户的认证与费用结算由“互联星空”统一处理。

（三）IPTV

与一般网络电视不同，“IPTV”是具有交互功能的网络电视，是集互联网、多媒体、通信等多种技术为一体，提供包括网络电视在内的多种交互式服务的崭新技术。

作为主管国家信息网络传播视听业务的广播电影电视总局，对 IPTV 的管理工作在 2005 年也取得明显成效。一方面，颁发了第一张 IPTV 运营牌照，并在哈尔滨地区进行试点，发展用户 5 万多户，创建了广播电视主导 IPTV 业务的运营模式，促进了 IPTV 业务的规范化运营；另一方面，国际新闻出版广电总局正在组织制定《信息网络传播视听节目管理暂行条例》，拟从国家层面规范 IPTV 的发展与管理。

电信部门则是 IPTV 的积极倡导者，2005 年中国电信与中国网通均把 IPTV 作为年度新业务发展重点。中国电信和中国网通在 IPTV 用户发展上虽然不很理想，但与目前唯一获得 IPTV 运营牌照的上海文广集团合作测试试点的城市却分别达到了 23 个和 20 个，做好了全面启动的准备。电信主管部门也在抓紧制定 IPTV 的相关标准，这些标准中包含业务需求、总体框架、机顶盒、业务平台接口、运营平台接口、接入设备的支持以及视频编解码七个方面的内容。

（四）手机电视

近几年，手机成为媒体业务个性化发展的主要标志，手机电视正在逐渐成为一种独特的新媒体形态。所谓“手机电视”业务，就是利用移动终端为用户提供视频资讯服务。手机电视业务有两种实现方式：一种是基于移动运营商的蜂窝无线网络，实现流媒体多点对多点的传送；另一种是通过数字多媒体广播（DMB）方式，实现点对多点的传送。支持流媒体方式的网络有GPRS、EDGE、CDMA网络以及3G网络，支持DMB方式的有地面无线广播电视网和卫星广播电视网。

2005年3月以来，中国移动和中国联通先后推出了基于蜂窝移动网络的手机电视业务，在中国广州、四川、苏州、北京等地逐步推进。2005年3月底，广州移动向全球通GPRS用户提供了手机电视业务。中国联通在2005年推出“视讯新干线”，与中央电视台的新闻频道、第四套、第九套以及凤凰资讯台等12个电视频道联手推出手机视频服务。

2004年6月，上海文广新闻传媒集团（SMG）成立了专营手机电视的公司——上海东方龙移动信息有限公司，负责手机电视的内容集成和节目编辑制作及相关的增值业务运营、市场推广等具体工作。2005年3月22日，SMG获得国家广电总局颁发的手机电视全国集成运营许可证。2005年5月13日，SMG与中国移动达成战略合作，SMG作为中国移动的手机电视内容唯一合作伙伴，共同发展手机电视业务。2005年9月28日，中国移动正式开通手机电视“梦视界”，提供下载点播和直播等形式的手机电视节目。东方龙的内容服务费是包月收费，中国移动的WAP业务也向用户收取一定的费用。2005年11月，上海文广新闻传媒集团与东方明珠投资2亿元成立合资公司，运营数字多媒体广播（DMB）方式的手机电视项目，计划采取包月收费模式收取手机电视费用。

随着时间的推移，使用新媒体将会成为未来的主流方向。所谓新旧是相对而言的，随着现代科学技术的不断推陈出新，新媒体也将随之成为传统媒体，更新的传媒方式也将会产生。新媒体发展的最终结果就是传统媒体平台与新媒体平台的完全融合、互动，产生更为可观的价值空间和更长的产业链条。

第三节　现代广播电视是跨文化交流的新媒体

既然是跨区域传播的媒体，必然面临如何满足不同区域文化背景和民族习惯受众的需求问题，跨文化传播当然也就是题中应有之义了。也就是说，技术上虽然实现了跨区域和跨媒体的传播，但只有在内容上实现跨文化传播，才是真正有效的传播。正如美国学者甘布尔指出："当文化的多样性影响到了传播的性质及其影响时，跨文化传播就发生了。因此，当我们谈到'跨文化传播'的时候，我们是指'理解并分享文化者所表达的意思'这个过程。实际上，跨文化传播包含了许多不同的形式，其中有跨民族传播（当交流双方来自不同民族时）、跨种族传播（当交流双方来自不同种族时）、跨国籍传播（当交流双方代表不同政治实体时）和文化内传播（包括各种同民族、同种族或其他相似群体内部发生的传播）。"

人类社会是由各式各样文明、文化的多元共同体组成的，它们相互影响、相互作用，形成不同政治、经济和文化以及宗教、科学、艺术的精神生活方式，组成了一个多元文化和不同文明的人类社会共同体。尽管人类社会发展进化程度和文化差异不同或发展阶段不平衡，但属于人类社会发展的基本历史顺序和框架却大致是一样的。从中我们可以分析，在漫长的人类社会发展历史过程中，文化是怎样逐渐突破地域局限，在更大的时空中获得广泛交流的，乃至于形成了某些跨区域的社会共同体。当我们跨越不同发展阶段和不同文化传统，用传播的理念去分析人类社会群体在不断变异中日渐走向整体选择时，跨文化传播问题就成为人们研究现实文化趋同的一个必然思考的问题。思考的方向必然就是如何跨越两种以上不同的文化，使人类思想成果得到交流，取得认同，充分共享。

一、语言文化的差异

语言是文化的载体，每一种语言符号都蕴含着约定俗成的意义——它们都与文化有关。在文化沟通方面，语言与非语言符号都是习得的，“是社会化过程的一个组成部分——也就是说，象征以及意义是由每一种文化教给它的成员的”。比如“龙”字，英语通常把“龙”翻译为“dragon”，是一种很可怕的动物，这与中国人心中神圣的图腾“龙”是完全不一样的。所以，文化既教我们符号也教我们符号所代表的意义，每一个人成长过程中在吸收某种社会文化的同时也吸收了符号的意义。跨文化传播在语言符号方面的难度就在于“理解任何文化的语言意味着必须超越这种文化的词汇、语法和范畴。扩大我们对文化的理解角度而达到一种宏阔的视野。”

我们在日常进行交流时使用词语好像毫不费力，这是因为生活在相同区域中的人们对词语产生的意义达成了高度的共识。我们的经验背景十分相似，所以给正常交流中使用的大部分语言符号基本上赋予了相同的意义。但是，当我们一旦置于多元的文化背景和国际环境中时，我们就会面临着众多的语言文化差异——

语言文字的种类、使用范围、使用习惯、语言歧义等，这就必然会形成沟通的障碍。在跨文化传播中，民族语言在不同国家和地区所造成的误译、误读或误解，主要是缺乏对语言差异的深入了解所致。各民族语言不是建立在共同的词汇基础上，也就缺乏词语的共同含义，以至于想传播什么信息与实际传播了什么信息有时是不一致的。

我国出口的白象牌电池在东南亚各国十分畅销，但在美国市场却无人问津，因为白象的英文“White Elephant”，其意思为累赘、无用、令人生厌的东西，谁也不喜欢。美国布孚公司在德国宣传该公司的薄棉纸时才发现，“puff”在德语里是“妓院”的意思。CUE 作为美国一个牙膏的品牌名，在法语俚语里却是“屁股”的意思。对于一个国家来说完全没有恶意的词语概念，对于另一种语言的人们或许就具有刺激性。语言的差异使得一些信息不是被错误传播就是根本无法传播，即使同样的词在不同的文化中都会有完全意想不到的理解。由此可见，要进行有效的跨文化传播，使语言文字得到当地民族的文化认同是至关重要的。要做到这一点，就必须对语言的多样化和差异性做深入了解，适应其语言习惯及特色；了解文化造成的词语的直意、隐意的变化，以免产生歧义而影响传播效果。特别是广告词中有很多反映各民族事物和观念的语言，它们有着深厚的文化内涵，体现了特定的价值观，在翻译过程中要尽可能用对等的语言表达出来。

在第一次申办奥运时我们曾经提出一个口号“让世界了解中国，让中国了解世界”。让外部世界了解中国，一直是我们的一个心愿，而要外国了解中国，在某种程度上我们一定要掌握话语权。长期以来，我们一直抱怨西方媒体对我国的“妖魔化”，而西方传媒却辩称我们没有给他们提供全面反映中国面貌的机会。

目前，国际社会在许多重大问题上对我们存在着误解，并不全是恶意的。其中很重要的一个原因就是跨文化交流的障碍。往往是我们没有说清楚，别人也没有听明白。英国学者罗宾·古德温（Robin Goodwin）在《中国朋友和英国朋友间禁忌话题的跨文化比较》研究中指出："禁忌话题是指'交谈双方或一方认为是禁区的话题'。禁忌话题注意不够是令人奇怪的，因为被社会交往中的学生所认可的有关回避话题的规则在社会交往中发挥着一种很重要的作用。"由于文化的差异，许多大家通晓的词汇，却会引起外国人的歧解。譬如，在中国"鹤"是长寿的象征，日本也把它看作"幸福"的象征；然而，在英国它被看作丑陋的鸟，在法国它是懒汉和淫妇的代称。再如，"私有制"在我们的理解中含有贬义，但在资本主义国家中它是神圣的，带有褒义；"宣传"（propaganda）在中文里是一个中性词，是劝导、传布的意思，而在西方它却含有夸大、粉饰甚至欺骗的意味，是个贬义词，如此等等。美国媒体在讨论"如何解释美国对中国报道的缺点"时曾认为，首要的原因是"缺乏中国语言和文化知识"。对中国文化历史知识的缺乏有时会导致他们忽略事件的重要因素，误解或曲解事件的真相。美国宾夕法尼亚大学刘康教授在清华大学的一段讲话也很值得我们深思，他说："中国现在面临一个很大的问题，就是如何确立中国自己的意识形态的话语体系，自己的媒体要有自己的语言，不能沿用过去革命时代的语言，……"他引用了江泽民同志"建党八十周年讲话"中这样一句话："回顾党和人民在上个世纪的奋斗历程，我们感到无比的骄傲和自豪，展望党和人民在新世纪的伟大征程，我们充满必胜的信心和力量。"他说："江总书记反复讲三个代表，代表在英文中是 representative（代表；代理人），除了议员代表选民以外，还有一个很重要的就是语言的代表。江总书记充分认识到了语言体系在中国进入全球化体系的过程中的作用。”

二、民俗文化的差异

民俗文化实际上指的是世代相传蕴藏在民情风俗中的文化现象。风俗习惯是很难改变的，无论哪个国家、民族都存在这样那样的忌讳，对于千百年来形成的民族风俗，我们应给予必要的尊重。正如瑞士电力和自动化技术集团 ABB 总裁阿西・巴尼维克所言：“我们如何能取消千百年来的风俗习惯呢？我们没有办法且并不应企图去这么做。但是我们的确需要增进了解。”不同的社会习俗对传播的影响很大，对于跨文化传播来说，只有了解与尊重当地特殊的风俗习惯，有针对性地传递信息，才能使传播产生效果。

尊重风俗习惯，意味着所传达的讯息不能触犯当地的禁忌，否则将会引起不必要的麻烦，甚至抵制。比如对性有着特别禁忌的东方国家，如泰国和印度，广播电视中一旦涉及“性爱”的观念，很可能冒犯当地的风俗。里斯特广告公司（Lister-ine）曾试图把已经风靡美国的著名电视广告照搬到泰国，这个广告表现了一个男孩和一个女孩手拉着手，一个建议另一个用里斯特治疗其呼吸困难。在泰国，这个广告引起了社会的普遍反感，因为在泰国公开地描绘男孩与女孩的关系是不能接受的。后来把广告中的人物都换成女孩后，传播的效应就明显改善了。

有时甚至一些颜色、数字、形状、象征物、身体语言等都可能会无意识地冒犯某种特定的文化习俗。因为在不同的文化中，数字、颜色、动物形象的含义是各不相同的。百威公司广告中的青蛙形象已深入人心，它的很多广告都是以青蛙为“主人公”，并用青蛙叫出公司品牌。但它在波多黎各却使用一种叫作“coqui”的当地吉祥物，因为波多黎各人把青蛙看作是不干净的。

再譬如，有些地区还有着动物崇拜，印度人把牛看成是神圣的，中国人把鹤看成是吉祥的，埃及人则视鳄鱼为神兽……在其他国家则还会有不同的认识。如果把这些动物当成屠宰对象加以报道，则很可能会伤害当地的民族感情。

很多时候人们经常从自己的文化角度去看待他人的生活习惯，所做出的判断可能恰好触犯了文化禁忌。特别是体态语言，由于表达不当，违反了当地的风俗习惯，往往会导致人们心理上不同的感受，从而影响传播的客观效果。1999 年南开大学学生抗议北约轰炸中国使馆时，一位美国留学生作 V 型手势，几乎导致中外学生发生冲突。双方对体态中所蕴含的意义有不同的习惯性理解，造成符号误读。原来 v 型手势对中国学生来说，是“二战”时形成的表示胜利的手势，而对当代美国学生来说则是越战时形成的表示和平的手势。

三、伦理文化的差异

伦理文化主要体现一种人际关系中的价值取向。每个人乃至每个民族，都是在一定价值观的主导下为人处世的。不同的价值取向会在处理同一事物时，产生不同的结果，有时会有天壤之别。在跨文化传播中，如何理解不同文化人们价值观的差异，是对传播效果产生重要影响的一个重要因素。因为价值观所反映出的思想观念、道德准则、喜好态度等，实质上代表了社会的潮流和民族的意志。如果广播电视中传递的价值观得不到认同或引起反感，那么传播的内容当然会受到排斥。

不同的价值观和思维方式（也包括表达方式）乃是中西文化

深层次的差异，是我们与西方人跨文化交流的主要障碍。

研究表明，中西文化在价值观念上的差异主要表现为“集体主义”与“个人主义”的对立。中国的文化传统历来强调群体意识，从家庭到社稷，从国家到天下，最后才是个人。西方强调“个人主义”，这一理念从西欧启蒙运动开始，经历了几百年的发展。它是一种人生哲学，也是一种政治理念，高度重视个人自由、民主人权，强调自我支配、自我控制，不受外来约束。它反对权威对个人各种各样的支配，特别是社会对私生活的干预，主张保护个人隐私和私有财产。

西方的价值观在美国社会体现得比较典型，它与东方伦理价值观念有着很大的差异。譬如，美国人突出个人，以个人主义为核心；中国传统文化以家族主义为核心，贬低个人。

对外传播学专家段连城先生认为，美国个人主义文化有以下九个方面的表现：

（1）个人隐私。

（2）个人自立（美国孩子小小年纪就开始打工，送报、送牛奶，再大些去餐馆、图书馆等处工作，不是因为家境贫困，而是要求自立）。

（3）个人表现（美国学生在课堂上喜欢提问，习惯在公共场合发表意见）。

（4）个人思考（不轻易接受别人的意见，对官方的文件持怀疑态度）。

（5）个人自由（有时会把个人的自由选择绝对化，如同性恋公开化、合法化）。

（6）个人选择。

（7）个人平等（强调机会均等，即所谓“起跑线上的平等”）。

（8）个人竞争。

（9）个人生命（对美国兵的生命十分重视，但越南战争、阿富汗战争、伊拉克战争等一再证明，美国政府对其他国家人民的生命缺乏起码的人道主义关怀）。

当然，美国文化并非放任自流，还有社会控制的另一面。另一位中国学者关世杰先生将中美价值观的差异归纳为七条：

（1）中国人注重互动和相互倚靠，美国人注重自立和独立。

（2）中国人重视集体的作用，美国人重视突出个人。

（3）中国人注重保住“面子”，不但要保住自己的“面子”，还力求保住对方的“面子”，美国人不讲“面子”，有时也许要保住自己的面子（他们称“尊严”），但绝对想不到对方的面子。

（4）中国人注重亲密无间，美国人注重保持个人隐私。

（5）中国人喜好共性，美国人喜好个性（中国人的“随大流”常与美国人的突出个人、“爱出风头”形成鲜明对比）。

（6）中国人偏好人际和谐，美国人喜欢个人竞争。

（7）中国人讲集体至上，美国人讲个人至上。

尽管有些重复，但两位学者的分析对比把中美价值观的差异说得淋漓尽致。中西的思维方式存在巨大差异，关世杰先生将两者的差异归纳为以下三个方面：

（1）中国人偏好形象思维，西方人偏好抽象或逻辑思维。

（2）中国人偏好综合思维，西方人偏好分析思维。所谓综合思维“是把对象作为一个整体来思考”，所谓分析思维是把对象的各个成分区分开来思考。哲学家张岱年先生指出，中国传统的思维方式是整体思维，缺点是笼统思维，强调直觉，轻视分析方法，轻视实际观察。

（3）中国人注重“统一”，西方人注重“对立”。中国人在哲学上强调从统一的角度看待事物，在政治上强调大一统，伦理上强调顾全大局，心理上一般不赞成走极端。西方人强调个性，强调矛盾。

“耐克”运动鞋曾精心设计的广告语“Just do it”(想做就做)，表达的是西方文化中对自我、个性、叛逆的推崇和张扬，从而风靡美国，影响了整整一代人的精神理念。但是它所宣扬的价值观在中国香港和泰国等东方文化地区却没有产生相应的共鸣，反而被认为有诱导青少年不负责任、干坏事的嫌疑而屡遭投诉，最后这个行销全球的品牌，只好把广告语改为“应做就去做”，才取得了大家的认同。

第二章　广播电视技术概述

第一节　广播电视技术特点

广播电视是人类在20世纪最重要的科学技术发明之一，由于它具有新闻传播、社会教育、文化娱乐、信息服务等多种功能，同时又具有在传播方式、传播速度、覆盖能力、承载能力等方面的诸多优势，已经成为当今最具影响力和巨大竞争力的现代化大众传播媒体，同时也是国民经济中具有深远社会影响和巨大经济价值的重要基础产业。电视以其丰富的信息资源、完善的传输网络和庞大的受众群体构成一个具有相当规模的信息行业，已经成为人们社会生活中极其重要的组成部分。世纪之交，一场席卷全球的数字风暴引发了广播电视行业的革命，这场以数字技术、网络技术为主体的变革最先撞击了广播电视技术平台，波及广播电视节目从采集、制作、存储、传送、播出、发射到接收各个环节。数字化、网络化不仅使整个广播电视节目制作与播出质量都有了显著改善，资源利用率大大提高，更重要的是使传统的广播电视媒体从形态、内容到服务方式发生了革命性的改变，使广播电视顺应时代潮流，成为融合广播电视、计算机、通信等多种技术手段，为受众提供多功能、个性化服务的强大的新型媒体。

大众传播有许多种方式。广播电视是各种传播方式中拥有最广泛受众和最现代化技术手段的一种，这是因为它具有其他传播方式所不具备的特点：

（1）广播电视是以声音和图像的形式来传播信息的。它具有内容丰富，形象逼真、亲切等特点，人们喜闻乐见。而且它不受年龄和文化程度的限制。这一特点构成了与其他传播媒介的各种社会传播方式的显著区别。

（2）广播电视传播的及时性。几乎在信息播出的同时，受众即可收到。而且可以利用现场直播把在某一地区、某一时刻发生的事件及时地传播到世界各地。广播电视的这一特点，使它不仅区别于以文字、纸张作为媒介的传播方式，也区别于其他各种用音像制品作为媒介的传播手段。

（3）广播电视传播的广泛性。从电视台、广播电台播出的信息，可以深入到它们的播出地区的每一个家庭，广大受众可以根据自己的需要收看（听）节目内容。这一特点，使它区别于其他传播方式。

（4）广播电视技术是一项综合性技术。它不仅涉及电子与通信技术，还涉及光学、声学、计算机科学等学科。

第二节　广播电视技术发展简史

一、从有线传播到无线传播

现代社会是一个信息社会，人们可以很迅速地接受到来自全球任意角落的信息。其实信息交流对于任何时代都是不可缺少的，在古代有鸿雁传书、烽火连天、暮鼓晨钟等说法，这就反映了人们对寻求各类远距离有效通信方法的探索。

早在公元968年，中国人就发明了一种用线绳连接两个竹筒，线绳传递声波，进而实现远距离通话的尝试，这种被叫“竹信”(Thumtsein)的东西，被认为是今天电话的雏形。欧洲对于远距离传送声音的研究，却始于17世纪。自从人类发明电以后，有人就曾想利用电来进行通信。1753年2月17日，《苏格兰人》杂志上发表了一封署名C.摩尔逊的书信中，作者提出了用电流进行通信的大胆设想。他建议：架设26根电线，代表26个字母，来传递信息。把这组金属线从一个地点延伸到另一个地点，每根金属线与一个字母相对应，在一端发报时，便根据报文内容将一条条金属线与静电机相连接，使它们依次通过电流，电流通过金属线上的小球便将挂在它下面的写有不同字母或数字的小纸片吸了起来，从而起到远距离传递信息的作用。由于设备庞杂、传递不远，虽经过不断改进，但终究没能达到实用的阶段。

1796年，英国人休斯采用以话筒接力传送语音的办法，并把它命名为Telephone，虽然这种方法不太切合实际，但Telephone（电话）的说法却一直沿用至今。

到了19世纪30年代，由于铁路迅速发展，迫切需要一种不受天气影响、没有时间限制又比火车跑得快的通信工具来保障铁路运输的准点和安全。这时，发明电报的基本技术条件也已经具备，已经发明了电池、铜线、电磁感应等电子器件。1839年7月9日，英国退役军官威廉·福瑟吉尔·库克（william Fothengill Cooke）与伦敦高等学院的自然哲学教授惠斯登（Wheatstone）两人合作制成的五针式的电报机开始在伦敦的帕丁顿车站与韦斯特·德雷顿之间的铁路线上使用，距离达21公里。之后他们不断改进电报机，使这种电报机在英国铁路上一直使用到20世纪初。

与此同时，美国人莫尔斯也对电报着了迷。他是一位画家，具有丰富的想象力和不屈不挠的探索精神，孜孜以求地完成了许多项发明。在他41岁那年，在他从法国学画后返回美国的轮船上，医生杰克逊将他引入了电磁学这个神奇世界。在船上，杰克逊向他展示了“电磁铁”，那种一通电就能吸起铁，一断电铁器就掉下来。还说“不管电线有多长，电流都可以神速通过”。这个小玩意儿使莫尔斯产生了遐想：既然电流可以瞬息通过导线，那能不能用电流来传递信息呢？为此，他在自己的画本上写下了“电报”字样，决心要完成用电来传递信息的发明。

1836年，莫尔斯终于找到了新方法。他在笔记本上记下了新的设计方案：“电流只要停止片刻，就会现出火花。有火花出现可以看成是一种符号，没有火花出现是另一种符号，没有火花的时间长度又是一种符号。这三种符号组合起来可代表字母和数字，就可以通过导线来传递文字了。”这种编码方法，今天看起来十分简单，但在当时的确是了不起的观念更新。莫尔斯的奇特构想，就是著名的“莫尔斯电码”。

1844年5月24日，莫尔斯从华盛顿到巴尔的摩拍发了人类历史上的第一份电报。在座无虚席的国会大厦里，莫尔斯用激动得有些颤抖的双手操纵着他倾注十多年心血研制成功的电报机，编码中发出了“上帝创造了何等奇迹！”的内容。电文通过电线很快传到了数十公里外的巴尔的摩，他的助手准确无误地把电文译了出来。莫尔斯电报的成功轰动了美国、英国和世界其他各国，他的电报很快就风靡了全世界。

1887年，物理学家赫兹发现了电磁波。他的实验研究除观察到电磁波是由电波和磁波组成外，还进一步观察到电磁波的反射、折射、干涉和衍射，从而全面证实了英国科学家麦克斯韦的科学假想。电磁波的发现为无线电通信开辟了道路。这个发现引起了俄国科学家亚历山大·斯捷潘诺维奇－波波夫的兴趣，决心要用电磁波实现更远距离的通信。波波夫在实验中偶然发现了无线电传播中最关键的因素之一——天线的作用，从而使远距离无线通信成为可能。1896年3月24日，波波夫用自制的无线电发报机发出并接收了世界上第一份无线电报“亨利·赫兹”，以纪念这位电磁波的发现者。

差不多与波波夫同时，意大利籍物理学家、发明家古格利尔莫·马可尼就决定对无线电报技术加以完善。在意大利的庞特切诺，马可尼家族拥有的一座庄园里，他对地面天线进行了技术革新——在地面竖立一根延伸到空中的导线，以此发射无线电电波并联络接收机。马可尼发现的这个方法有效增大了发射和接收距离。于是，他把莫尔斯电报机与这一无线电系统相连接，采用无线电发射的方法最终在离庄园约1.6公里的地方成功地接收到电磁波信号。

马可尼在22岁时移居英国，在英国政府的支持下，他继续进行研究。1897年，他和助手在英国海岸进行了跨海通信实验。他们把发射机装在海岸上的一间小屋子里，屋外竖起一根很高的杆子，上面架设了用金属圆筒制成的天线。开始时把接收机放在距海岸4.8公里的一个小岛上，通信效果良好。然后又把距离扩大到14.5公里，同样获得成功，以后几年，马可尼一边改进通信装置，一边增大通信距离。1897年，他为英国沿海的灯塔船装备了无线电发报机，以保证海上航行的安全。1899年，一艘安装了马可尼发报机的灯船被一艘拖船撞翻，幸亏使用了无线电发报机发出求救信号，船员才被及时赶来的救生船救起。这一事件使全世界意识到无线电通信的应用价值。从此以后，许多国家都规定：任何航海船舶必须装备无线电发报机以备遇险求救之用。

1899年，马可尼首次实现了英吉利海峡两岸的无线电通信。但他并不因此满足，而是把发展的目光投向了大西洋的彼岸。1899年，马可尼在美国成立了第一个无线电通信公司——美国马可尼无线电报公司。两年后，他终于和弗莱明一起完成了历史上第一次跨越大西洋的无线电发射实验。从1903年起，世界上许多国家都相继建造了无线电发射站，无线电通信被广泛地应用于人类生活的各个方面。马可尼因此获得了1909年诺贝尔物理学奖。

二、从有声传播到音像传播

19世纪后半叶，莫尔斯电报已经获得了广泛的应用。但是莫尔斯电报也有其缺点，就是从发报人到收报人需利用专门的电码译本经过两次翻译才能把准确的信息传递过去，而且发报人不能立即获得收报人的反馈信息，这就使无线电通信仍然不够便捷、清晰。所以在欧美，许多学者开始竞相研究能够直接传送语言话音的电话机。美籍苏格兰人亚历山大·格雷厄姆·贝尔（Alexander Graham Bell）在1876年2月14日，申请了那个著名的他和沃森一直研究着的装置——电话的专利。同一天，另一个发明家格雷（1835—1901）也向美国专利局递交了相似设备的专利申请书，由于递交专利申请晚了几个小时，电话的专利证书被贝尔所获得，贝尔获得了电话的发明权。

贝尔的发明源于这样的设想：能否制造出一种直接传递人的语言的装置，把人说话的声音通过导线传到很远的地方？

贝尔原是一个从事语音教学的大学教授，他在研究一种为耳聋者所使用的“可视语言”的实验中，意外发现了一种奇怪的现象：当切断或接通电流时，电路中螺旋线圈会发出轻微的沙沙声，就像莫尔斯电报的滴答声一样。贝尔注意到了这个一般没人注意到的细节，又反复试验了很多次。这个现象给了他很大的启发，贝尔构思出了一个新奇的想法：先设法把发声的空气振动变成电流的连续变化，再用电流的变化模拟出声音的变化。这就是发明电话时的初始原理。但是，怎样实现“从声音变化到电流变化”，又“从电流变化到声音变化”这样两个转化过程呢？1876年3月10日，贝尔在做实验时不小心把硫酸溅到自己的腿上，疼痛之中他喊叫着：“沃森先生，快来帮我啊！”但没有想到这句话通过实验中的电话传到了另一个房间，正在工作中的助手沃森听到了喊声。这就是人类第一句通过电话传送的语音，而被记入了科学发明的史册。通过不懈的努力，他们终于制作出了两台粗糙的样机，从而实现了用电磁波传送语言声波的目的。

人们在发明了传送电码信息的无线电报之后，又发明了传送话音的无线电话。继而想到：无线电既然能够传送语音，那么它也就应该能够传送音乐；而且无线电信号是可以被多人同时接收的，那么作无线电台向公众进行广播也是可能的。

1906年12月24日，在圣诞节前夕的晚上8时左右，美国弗吉尼亚州诺克的无线电报务员忽然听到从马萨诸塞州的布兰特－罗克传来人的讲话声和乐曲声，使这些听惯“嘀嘀嗒嗒”莫尔斯电码声的人感到十分新奇与激动，他们情不自禁地呼喊起来，纷纷把耳机传给其他同伴收听，同时收听到的还有美国新英格兰海岸船只上的无线电报务员。这些报务员收听到的就是人类历史上第一次无线电广播的试验性播放，它是由加拿大籍美国物理学家雷金纳德·奥布里奇·费森登（Regi-nald Aubrey Fessenden）主持和组织的。在宣布节目内容之后，他先用“译递电话”（一种录放一体的留声机）播放了一段亨德尔的音乐作品，这同时创造了两个纪录：第一次无线电广播和第一次记录下广播的内容。接下来，作为一位出色的小提琴手，费森登自拉自唱了一首平安夜的经典老歌《Oh Holy Night》。接下来是他的夫人海伦·费森登和他的秘书本特小姐诵读圣经路迦福音的部分章节，可是她们太紧张了，在麦克风前抖得几乎说不出话来。费森登只好接过麦克，宣布本次播音结束，并祝听众圣诞快乐。同时，他也希望听众给他写信，并说明他们是在什么地方收到的广播。听众的回信证明，费森登成功地发明了无线电广播。

费森登1866年10月6日生于加拿大魁北克，祖先是新英格兰人。他毕业于魁北克毕晓普学院，一生共获得500项专利，仅次于爱迪生而居世界第二位。

与此同时，李·德福雷斯特发明了“三极真空电子管”，他使接受电波变得更加容易，并且能够使声音更加放大。1907年2月，纽约的李·德福雷斯特无线电话公司开始进行世界上最早的无线电广播定时播出的试验。李·德福雷斯特在日记中写道：“我的使命，是让甜美的乐曲在街上飘、在海上飘，使在远洋中航行的人们，也能听到故乡的旋律。”人类第一次无线电广播的成功为现代无线电广播、通信开辟了广阔的前景，并确立了无线电在航空、航海、军事中的重要地位。

1907年，费森登又把无线电广播通信的距离延长为350千米。

1912年，阿姆斯特朗发明超外差式接收电路。1920年，英国的切姆斯福德电台开始播音。

1920年11月，美国匹兹堡市出现了商业无线电台，代号为KDKA。

1921–1922年间，随着电台的迅速增加，收音机和无线电元件的销量猛增。到1922年11月，全美国已有564座注册的无线电广播电台。中国在1922年也开办了一座（外资）无线广播电台。

1922年，美国的纽约与芝加哥的电台利用长途电话线路连接起来，报道了一场足球赛。

1933年，出现了调频技术，到60年代，立体声广播开始出现。

1926年，美国广播公司在纽约收购了一家电台，以它为中心，建立了无线电台的一个常设网，来分配每天的节目。

1926年1月27日，第一台机械电视机诞生。来自苏格兰的约翰·贝尔德首次示范表演了能以无线电播放电影的机器，它被称为电视。然而，1927年，法恩斯沃思成功用电子技术把图像从摄像机传输到接收器上，这是公认的电视诞生的标志。实际上，有两位科学家几乎同时制造出了画面稳定的电子电视，一位是从俄罗斯移民到美国的拉基米尔·佐里金，另一位则是出生在美国犹他州的菲洛·法恩斯沃思。第一次世界大战后，俄国人佐里金移居美国，开始研究电子电视摄像机，佐里金把它称为“光电摄像管”，并于1923年为这项发明申请了专利。后来佐里金进入美国无线电公司，使他的研究工作获得顺利进展，在1933年研制成功电视摄像管和电视接收器。与此同时，法恩斯沃思的析像器与佐里金的光电摄像管虽然设计上有差别，但在设计概念上却很相近，由此引发了一场有关专利权的纠纷。美国无线电公司认为，佐里金早于法恩斯沃思于1923年就申请了发明专利，但却拿不出一件实际的证据，而法恩斯沃思的老师则保留了法恩斯沃思的析像器的设计图纸，并以此为法恩斯沃思作证。

1935年，法庭最后判定法恩斯沃思胜诉，但这没能阻止美国无线电公司在第二次世界大战结束后大量生产和售卖电视机，还把佐里金和公司总裁戴维·萨尔诺夫推举为“电视之父”。而且，美国无线电公司在败诉多年后才答应付专利使用费给法恩斯沃思。1957年，法恩斯沃思曾作为神秘来宾参加哥伦比亚广播公司一档名为“我知道了一个秘密”的游戏节目，这是他唯一一次在美国全国性电视节目中露脸。当时，他被邀请回答到场嘉宾为猜出来宾身份所提出的各种问题。遗憾的是，嘉宾都不知道他才是真正的“电视之父”。

法恩斯沃思于1971年去世，享年65岁。由于发明电视并没有带给他巨大名利，反而令他惹上官司，法恩斯沃思并没有为他的这项发明感到自豪。他晚年曾尖锐地批评自己的发明是“一种令人们浪费生活的方式”，并禁止家人看电视。

不过，如今电视已成为家家户户的必需品却是无法改变的事实。法恩斯沃思毕竟是20世纪最伟大的发明家之一。

三、从近地传播到卫星传播

近地传播指的是无线电波沿地表传导的模式，主要是指中短波段及调频波的无线电广播模式。这种传播方式受到技术条件和地理条件的制约，难以实现大范围的信号覆盖。1957年10月4日，苏联发射了第一颗人造地球卫星，地球上第一次收到了来自人造卫星的电波，它不仅标志着航天时代的开始，也意味着一个利用卫星进行通信的时代即将到来。

1960年8月12日，美国国防部把覆有铝膜的、直径为30米的气球卫星“回声1号”（E-cho I）发射到距离地面高度约1600公里的圆形轨道上，进行通信试验。这是世界第一个“无源通信卫星”。由于这颗卫星上没有电源，所以称之为“无源卫星”，它只能通过信号反射，跨越地表阻隔的障碍，为地球上的其他地点所接收到，从而实现无障碍通信。但由于这种方式的效率太低，没有多大实用价值。1962年7月10日，美国国家航空宇航局（NASA）发射了世界上第一颗有源通信卫星——电星1号（Telstar 1，1963年2月12日，电星1号失效）。这颗卫星上装有无线电收发设备和电源，可对信号接收、处理、放大后再发射，从而大大提高了通信质量。

随着通信卫星的出现，广播电视的传播速度更快了。通过实况转播，各种世界性的体育盛会和重大科技信息转眼之间传遍整个世界，广播电视传播的范围更广大。1982年，有140多个国家的100多亿人次在电视中看到了世界杯足球赛的比赛实况，观看人数之多是前所未有的，电视传播的地域界线被打破了。从1965年到1980年，国际通信卫星组织共发射了5颗国际通信卫星，完全实现了全球通信。可以毫不夸张地说，通信卫星加强了人们的社会交往和相互了解。卫星通信的出现，帮助实现了人类“地球村”的理想，进而推动大众传播的全球化过程。广播电视已不局限于有限的范围，真正变得无远弗届。自1984年美国新闻署开办“世界电视网”，首次把电视节目推向全球以来，BBC（覆盖83个国家）、法国国际电视台、日本NHK等相继制定并实施了“发展卫星电视的全球战略”。在普遍使用数字压缩和卫星传播技术的时代，受众在本地就可以接受铺天盖地的世界各国广播电视节目。日本提出要实现“卫星广播电台化”，美国曾提出至2000年“卫星电视将取代现在的地面站”。

连接全球150多个国家的互联网络为每个国家打开了大门，使受众足不出户而全知天下事，由于它不受时间、地点、国界、气候等影响，是纯粹的国际互联网，地理上的空间距离已失去意义。

传播范围的全球化既使得世界多元文化有了相互交融、充分交流的机会，也使得文化安全成为各国、各民族面临的新问题。截至1997年4月30日，亚太地区上空有地球同步卫星46颗，转发至少370套电视节目。与此同时，为了维护本民族文化的纯洁性，捍卫国家的主权利益，一些国家采取各种措施，力图抵制外来文化的消极影响。在法国，甚至有人冲进电影院抢出好莱坞影片在大街上当众烧毁，表示抗议。加拿大已着手建立能有效抵制外国媒介入侵的传媒系统、法律系统，以确保加拿大文化不受外来文化的侵蚀和影响。但是，从人类长远的利益着想，世界和平、民族和谐、文化融合的趋势不可逆转，跨区域、跨文化传播的积极影响仍是主流，切不可因噎废食。全球传播正是适应了这个趋势，因而将被世界先进潮流和进步势力所接受。

四、从模拟传播到数字传播

如果说实现卫星传播解决了广域覆盖和远邻近交的问题，那么数字广播的出现则为人们提供了多样化的交流方式。从模拟制式转为数字制式是这项传播领域的重大变革。这场变革事实上从20世纪70年代就开始出现了。美国学者罗杰·菲德勒教授指出："现在，从一种新式语言的最新发展引发的第三次媒介形态大变化，将再一次急剧地影响到传播和文明的演进。在过去两个世纪里，工业时代和信息时代的技术已经联合为这种语言的发展和扩散做出了贡献，这种语言直到过去二十年才为大多数人们所知道。这种新式语言被称作数字式语言。它是一种电脑和环球电信网络的通用语言"。在他所列举的1975年出现的电子媒介发展状况中，就展示了数字传播技术在广播电视中所运用的情况。譬如：“数字声音合成技术”“数字高清晰度电视出现”“数字无线电广播的出现”“数字直接广播卫星（DBS）服务”等等。20 世纪 90 年代这项技术首先在欧美、日本等发达国家得到了广泛运用和迅速发展。我国运用这项技术起步较晚，但发展速度很快。广播电视数字化将使中国目前 4 亿台电视机成为集公共传播、信息服务、文化娱乐、交流互动于一体的多媒体信息终端，丰富百姓文化生活的同时，也将大大加快中国信息化的进程。通过有线数字电视，老百姓可以享受到更加丰富多彩的广播电视节目和多样化、对象化、个性化的综合信息服务。同时，有线电视数字化将使中国有线电视频道资源得到极大的扩展，有线电视分配网可传送的频道从几十套增加到几百套。

采用数字电视后，百姓家庭电视机可以看到像 DVD 一样清晰的电视图像，享受到电影院一样的立体逼真音响效果。观众不仅可以看到现有的电视频道，还可以获得天气预报、生活信息、交通信息、股票信息等大量的资讯信息，享受到电视政务、电视商务、短信彩信等新型服务项目。用户还可以存储并在方便的时候随时调看已经播出的节目，享受在线游戏等交互式娱乐服务。随着技术的不断进步，广播电视将成为百姓可以自选的“文化超市”，使观众从被动的“看”电视变成自主的“用”电视，得到一对一的文化服务。目前，中国大部分地区的电视用户只要在电视机上加装一个数字机顶盒就可以接收数字广播电视节目。

与目前普遍使用的模拟电视相比，数字电视不仅可以让观众接收到更高质量的电视信号，还可以使观众由被动收看转为主动点播，不再受到节目播出时间的限制。而相关的文化产业、高技术产业、电子产品制造业、软件业等信息产业和民族工业的发展，会形成上万亿元的产值，同时为社会提供大量就业机会。因此，在目前模拟电视资源渐趋饱和的情况下，电视数字化对于电子厂商、广播电视从业者来说，无疑是一个难得的机遇。数字化是广播电视自诞生以来的最大的一次技术变革、最大的一次发展机遇和最严峻的一次挑战。实现数字化，将改变广播电视的工作方式和生产流程，完善广播电视的服务方式和管理手段，提高广播电视的生产效率和工作质量，拓展广播电视的服务领域和发展空间，推动广播电视从传统媒体向现代媒体迈进。数字化的影响已超出了技术领域和行业范畴，对每个家庭乃至整个社会都将产生深刻的影响。

总括起来，广播电视数字化主要带来三个方面的变化：

第一是节目数量的变化。我们现在通过有线电视网可以看到30～50套电视节目。数字化之后，还是这张网，我们可以看到500套电视节目，不仅能看到现有的频道，还可以看到多样化、专业化、个性化的频道，如足球频道、健康频道、幼儿教育频道、老年频道等，满足人们不同的需求。

第二是媒介性质的变化。数字化之后，我们的电视机变成了多媒体信息终端，不仅能看电视节目，还可以听广播，可以获取多种信息资讯服务，可以通过电视购物、缴水电费，电视机成为人们生活中不可缺少的工具，成为现代社会服务业的支撑平台。

第三是收受方式的改变。现在看电视是被动地按电视台的播出时间，电视台什么时候播，我们就只能什么时候看。数字化之后，我们可以主动地看，根据自己的时间选取自己喜欢看的节目。可以说，广播电视数字化在满足公共需求和普遍要求的同时，为用户提供了一对一、端到端的个性化服务，为政府、社会各界和人民群众搭建了新的信息平台和服务窗口。

五、广播电视技术发展的时间及发明

广播电视技术的母体科学是麦克斯韦电磁理论。这一理论的基础是两项著名的实验，一是1819年奥斯特从实验中发现了电流对磁针有力的作用；二是1836年法拉第从实验发现了电磁感应现象。麦克斯韦根据以上实验及他本人提出的位移电流假说，提出了麦克斯韦方程组，把电磁场的有关定律定量的描述都概括在内，建立了完整的电磁理论。1888年赫兹通过实验，验证了电磁波的存在，证实了电磁理论的正确。

1895年5月7日，波波夫在俄国物理化学学会物理分会上公开表演无线电传送实验，接收机首次使用天线。同年9月，马克尼在意大利保罗葛兰庄园和附近小山上实验无线电信号传送。

1897年布朗发明阴极射线管。

1898年鲍尔森发明磁性钢丝录音。

1904年弗莱明发明二极管。

1906年德福雷斯特发明三极管。同年，费森登首次用调制无线电波发送音乐和讲话，这是第一次无线广播实验。

1907年德福雷斯特以电子管制成屏极检波接收电路。同年，罗申克及坎普贝尔史文顿提出了电子扫描原理，这是电视技术的理论基础。

1911年，费森登和阿姆斯特朗发明了外差和超外差电路，为制造无线电接收机奠定了基础。

1915年，卡森证明能用单边带进行无线电通信。坎贝尔研制成功LC滤波器。哈特莱发明电感耦合三点式振荡电路。米兰尔研制成功高真空三极管。肖特基发明帘栅管。

1918年，电子管广泛用于发射机和接收机等电子设备中。

斯托勒发明电子稳压器，法国科学家发明了多谐振荡器。

1920 年 10 月 27 日，世界上第一座有营业执照的美国匹兹堡 KDKA 广播电台开始播音，发射机发射功率为 100 瓦，发射天线架于西屋电气公司高层建筑屋顶和发电站高烟囱之间。新闻节目源是匹兹堡《邮报》用电话把新闻消息传送给电台播音室。

1921 年，美、欧相继发现波长短于 200 米的短波可用作远距离广播。

1922 年 1 月，罗谢夫发明了晶体管检波器，是现代半导体二极管、三极管的基础。同年 9 月 17 日，苏联中央广播电台开播，发射机发射功率为 12Kw，是当时世界上最大的广播电台。同年正式建成电台开始播音的还有法国和英国。

1923 年建成电台正式播音的有：德国、中国及加拿大。同年，兹沃雷金发明了光电摄像管。

1925 年，贝尔德利用尼普柯夫发明的机械扫描图盘，研制成电视发射和接收设备的雏形。

1926 年，八木发明八木天线。惠勒发明自动音量控制电路。

1927 年，阿普尔顿发现电离层反射短波。奥尼尔发明纸基磁带记录电信号。纽约和华盛顿之间的电视传输试验成功。美国开始有 17 座实验性电视台，采用 30 行机械扫描。

1928 年，法恩斯沃恩发明电子析像管摄像机。英、美、德等国电视设备在展览会上展出。电视接收机在市场上出现。

1929 年，贝尔德在英国广播公司开播 30 行扫描的电视。

1930 年，贝尔德开始播出有声电视。同年，超短波开始用于通信。

1931 年，杜蒙发明阴极显像管。苏联开播电视。

1932 年，尼莫斯特发明负反馈电路。法国播出 60 行机械扫描电视。英国的电视扫描提高为120行。

1933年，阿姆斯特朗发明调频制广播。

1935年，全世界有7219万台收音机，中波广播电台1550座，短波广播电台140座，长波广播电台59座。同年，德国开始试播电视。

1936年，英国建成第一座公共电视台，正式播出机械扫描电视，是世界上第一座电视台。

1937年，英国采用休恩伯格405行电视扫描线，正式播出电子扫描电视。英国广播公司有了世界第一辆电视转播车，并用同轴电缆把亚历山大宫和海德公园连接起来。同年，里夫斯发明脉码调制。

1938年，贝尔研究所研制成功第一台继电器式数字计算机。里夫斯发明脉冲相位调制。

1930年，苏联两座电视台正式播出，扫描343行，用超短波发射机。第二次世界大战爆发后，除美国外，英、苏、法电视台皆停播，电视发展受阻，德、13电视研究及试播也停止。

1941年，开始商业调频广播。美国几家电视台被批准正式开播，开始采用525行扫描。

1945年，第二次世界大战期间美国保留电视台6座，全国电视接收机8000台。同年苏联电视台恢复播出，克拉克提出利用静止卫星进行通信的设想。同年开始了对流层散射通信。

1946年，英国恢复电视台播出，接收机约2万台。美国宾西法尼亚大学试制成第一台电子管计算机。

1947年，巴丁·布拉提研制成功第一个晶体三极管接收机。

1948年，美国建成第一条大容量微波中继电路。

1949年，剑桥大学制成第一台通用电子管计算机。美国电缆电视开始小规模建设。

1950年，肖特莱等用单晶锗制成结型晶体管。美国无线电公司试验第一台全晶体管电视接收机。

1952年，蒂尔、比勒发明大型单晶硅制造技术。巴克森德尔发明负反馈音调控制电路。联邦德国开播黑白电视。

1953年，美国试播NTSC制彩色电视。日本开播黑白电视。

1954年，意大利开播黑白电视。贝尔研究所研制出可控硅整流器及硅太阳能电池。晶体管收音机诞生。

1955年，世界上有电视的国家发展到20个，电视台发展到600座，电视机4000多万台。贝尔研究所研制成变容二极管。

1956年，商品磁带录音机问世。

1957年，苏联发射第一颗人造卫星。中国制成锗晶体管。苏联用飞机转播电视试验成功。

1958年，法国现代公司发明SECAM制彩色电视。场效应晶体管诞生。得克萨斯仪器公司制成第一块集成电路。江崎发明隧道二极管。中国开始播出黑白电视。

1959年，国际商业机器公司（IBM）制成第一台晶体管计算机。

1961年，氯化钙激光器及连续波激光器诞生。调频立体声广播研制成功。

1962年，美国发射第一颗通信卫星，把美国电视节目传送到欧洲。

1963年，联邦德国研制出PAL制彩色电视。磁带录像机、盒式磁带录音机、电视电话问世。

1964年，集成电路实用化。中国研制出全晶体管计算机。

1965年，发射第一颗国际通信卫星，各国利用它传送电视节目，电视机开始采用集成电路。

1966年，国外开始研究光纤通信。

1967年，大规模集成电路问世。苏联正式播出SECAM制彩色电视。苏联正式建立卫星电视网，并同欧洲电视网联播。日本研制成功数字（PCM）录音机。

1970年，世界上拥有1000万台以上电视机的国家有：美、苏、英和联邦德国。

1971年，英特尔公司生产出世界第一台微处理机。

1972年，美国成立第一家最大的电缆电视公司，8年内其用户达到400万户。英国研制成数字电视制式转换器。

1973年，中国试播PAL制彩色电视节目。

1975年，RCA公司发射同步卫星，可以传送24路电视节目。HB0电缆电视台首先利用卫星传送节目，标志着现代化电缆电视业的开始。

1976年，光缆通信试验成功。

1978年，国外电视大量采用电调谐，并研制平板电视接收机。日本研制成功双调频制。

1979年，法国试验成功光缆电视。联邦德国建立第一条数字无线电传输线路。日本进行卫星彩色数据传输试验。激光唱片问世。第一座太阳能广播电台开播。

1982年，日本HDTV到美国展出。同年，苏联试验数字声广播，英国研制出双载波制。

1983年，电缆电视已有较大发展，电缆电视普及率在几个工业发达国家情况如下：比利时82%，荷兰64.5%，加拿大50%，美国40%，瑞士34.2%，日本12%，英国7%，法国4%。同年，美国展出5种调幅立体声发送设备。

1985年，法国建立世界第一个全数字化电视演播室。

1986年，CCIR把无线电数据系统（RDS）作为世界统一标准。西欧开始研究数字广播技术系统。

1987年，日本开始发展数字声广播系统。

1990年，国际电联规定新建短波发射台应是能与现有短波兼容的载波降低6dB的单边带发射机。

1991年，中国电视台有554座，电视机为1.85亿台，成为世界电视大国。

20世纪90年代中后期以来，由于先进的计算机技术、电子集成技术、网络通信技术迅速向电视领域渗透，广播电视技术正经历着一场革命性的变化。

第三节　广播电视节目传播的主要技术环节

任何社会传播方式都必须借助于一定的媒介。广播电视传播有两种方式：第一种方式是无线电波，但它不同于无线电通信，像电报、电话、数据传输等通信业务，这些通信业务虽然也是利用无线电波作为媒介，但它们是点对点的通信，而不是直接面向广大受众的接收。广播电视是以节目的形式面向广大受众。第二种方式是利用有线分配系统，即有线广播和有线电视。有线广播和有线电视是用某种线路把受众联系在一起，把广播电视节目分配到各用户中去，供受众直接接收。

广播电视这种传播手段一经出现，就存在两个必须解决的问题：一是不断丰富节目的内容；二是不断改进传播的技术手段。这两者是一个统一体的两个方面，必须正确处理两者的关系。广播电视技术必须努力为节目内容提供条件、提供服务，而广播电视节目内容需要紧紧地依靠广播电视技术。广播电视技术是节目传播过程中不可缺少的一个重要组成部分，也是节目存在的基础和节目物化的手段。广播电视节目的传播过程是依靠技术通道进行的。

广播电视节目传播的全过程的技术环节一般来说可分为：制作、播出、传送、发射和接收五个主要环节。

一、节目制作

广播电视节目制作是广播电视节目传播的第一个环节，是一个广播电视节目从酝酿到完成所有生产工序的总称。节目制作一般分为前期制作和后期制作两个阶段。前期制作阶段涉及为了获取原始的图像素材和声音素材所进行的一系列工作，主要包括：根据节目方针确定节目的内容和形式，资料采集、摄录各种音响、图像素材、撰写、修改及审定广播文稿或电视脚本。后期制作包括配音、录音、整理剪辑画面、字幕制作、特技制作、音响、合成、复制和节目审看（听）等。

广播电视节目制作是一种艺术性和技术性相结合的创造性劳动。节目制作中的技术包括硬技术和软技术。硬技术为节目制作提供必要的技术设备和技术条件，主要包括：广播录音室或电视演播室、传声器、摄像机及其附属系统、录音机和录像机、电子新闻采访（ENG）和电子现场节目制作（EFP）系统、电子编辑系统、字符发生器、特技机、监听系统和监视系统等。软技术是一种巧妙地运用各种技术设备和技术条件制作出高质量的广播电视节目的技术。在节目的制作过程中，导演有许多艺术构思，可以设想出许多优美的画面和音响，但它需要运用各种技术设备和技术条件，如数字特技、计算机动画和多媒体技术等，巧妙、准确地实现导演的意图，这种技术，就是广播电视节目制作中的软技术。它主要包括：拾音技术、摄像技术、照明技术、录音效果的后期加工技术以及电视图像信号的编辑技术和特技画面制作等。

二、节目播出

广播电视节目制作的目的是为了播出。自录音机、录像机开始广泛应用以来，在现代广播电台、电视台中，除实况直播以外，节目的播出与节目制作基本上是分开的，成为一个单独的环节。节目播出的一般程序是：由节目管理部门事先编排好每天要播出的节目，并按时将需播出的节目录音带、录像带或其他媒介送交播出部门，由播出部门准时播出。但新闻节目往往采用直播的形式，以提高时效性。

播出节目的主要来源有以下几种：事先录制好的节目带；演播室直播的节目；现场直播节目；直播时从外边传送来的节目；转播其他电台、电视台的节目；报时信号。

所有这些节目信号都按照事先规定的程序，准时地送到播出控制台。

一般小型的电台、电视台节目套数少，播出的节目可以从控制台直接送往线路放大器，输送到发射台去。

大型电台、电视台一般有多套节目，大都设有主控制室。多套节目播出控制台的信号全部集中到主控制室，经过主控制台把不同的节目送到指定的线路，分别送至不同的方向。需同时向多个方向送出多套节目时，要设有专门的节目调制机房，按需要把节目组合在一起，通过小型微波设备或电缆传送给发射台、微波干线终端站或卫星地面上行站。

为了准确及时地播出各种节目，现代电台、电视台的节目播出大都采用计算机自动控制系统。这样，可以大大提高播出的准确性，减少播出事故，同时也降低了劳动强度。

三、节目传送

广播电视节目传送是从节目播出到发射之间的中间环节，其任务是把每天播出的节目信号从广播电视中心传送到发射台、卫星地面站或传送到其他的广播、电视中心。

广播电视节目传送是一个非常重要的环节。没有节目传送系统为发射台传送节目，广播电视播出就不能实现；节目传送系统的质量不高，发射台得不到高质量的节目信号，广播电视的效果就会劣化。为了向每一个发射台提供优良的节目源，广播电视节目传送系统必须与发射台同步建设。

广播电视节目传送系统分为近距离和远距离两大类：

（一）近距离节目传送系统

近距离的广播电视节目传送系统的工作范围是几公里到几十公里，用于向与广播电视中心处于同一城市的发射台传送节目。近距离的广播电视节目传送一般采用电缆或光缆。在电缆、光缆架设不便的情况下，也可采用小型微波设备。这几种传送方式都可以得到比较高的传送质量，其中电缆和光缆的传输比较稳定，设备简单，维护方便，尤其是光缆，传送容量较大，不受外界电磁干扰，已逐渐代替电缆。

（二）远距离节目传送系统

远距离的节目传送系统的工作范围是几百公里到几千公里，

一般用于中央或省一级电台、电视台，向设在外地的发射台传送节目。远距离节目传送的主要手段是微波中继电路和通信卫星电路。利用微波或通信卫星，可以把多路广播电视节目送到所需要的各地去。微波中继线路可用于全国性的节目传送，也可以用于省内的节目传送。卫星更适用于大范围的节目传送，例如全国性的，或国际、洲际的节目传送。

在我国中央电台、电视台的节目传送利用电信系统建立的微波干线（4GHz 频段）和通信卫星；省级电台、电视台的节目传送采用广播电视系统自建的广播电视节目传送专用微波线路（8GHz 和 1.4GHz 频段）。其传输体制是在每一个通道中把一路电视图像信号和三至四路声音信号同时传送。不少省和自治区利用通信卫星传送节目。

短波广播节目传送曾经是中央和省级电台节目传送的主要手段，但用短波传送的节目质量不高且不够稳定。在微波和卫星传送通路建立以后，短波广播节目传送的方法已成为一种辅助手段。微波通路和卫星通路一般都是双向的。因此，在利用这些手段传送节目的同时，还可以实现电台、电视台间的节目交换。

四、节目发射

广播电视节目被传送到发射台后，还要通过无线电波发射出去。广播发射台和电视发射台除了发射出去的节目形式不同外，本质上是一样的。一个发射台最主要的部分是发射机、馈线和发射天线及其附属设备（电源系统、冷却系统、节目调度系统、天线交换系统等）。

发射台的主要工作程序是：按照播出节目时刻表的规定，通过节目调度系统把指定的节目信号送入发射机。在发射机中产生适合发射的频率（射频），并把它用节目信号加以调制，使它们的幅度或频率随节目信号而变化。然后把这种已经调制的射频放大并从发射机通过馈线输送到发射天线。此时，天线上的射频电流在空间产生与之相应的交变电磁场，从而产生无线电波，由天线的周围向远方传播出去，把不同的广播电视节目传向预定的对象地区。由于单个发射台的服务范围是有限的，为了扩大覆盖范围，就必须有许多发射台同时发射。这许多发射台组成一个广播电视发射网。发射网按工作频段，可分为中波广播网、短波广播网、超短波调频广播网、米波电视网和分米波电视网。广播电视传播的广泛性、及时性，就是以这样一个庞大的广播电视发射网为物质技术基础的。

五、节目接收

利用收音机或电视机接收广播电视节目是广播电视传播的最后一个环节。广播电视的普及程度由广播电视的覆盖率和接收机的普及率来体现。

广播电视的覆盖率以人口的百分比来表示，即全国有百分之几的人口可以接收到广播电视节目。这个指标可以表现广播电视建设的广泛程度及潜在的受众数量。接收机的普及率则表明实际拥有的接收机数量，即实际上存在的广播电视受众的数量。

为进一步提高广播电视传播的功效，应加强广播电视网的建设，提高广播电视的覆盖率，进一步普及接收机以及努力改进接收效果。

以上我们介绍了广播电视技术的特点、广播电视技术发展简史以及广播电视节目传播的主要技术环节，这些对于我们深入了解广播电视新技术具有重要意义。

第四节　广播电视技术作用

自广播电视诞生以来，技术的每一步小的改良，或每一步大的变革都带动了广播电视的发展，对整个社会产生了不可估量的影响。技术的进步不仅极大地扩展了广播电视的传播领域和表现领域，也使广播电视从业者对传播工具的使用与操纵更加随心所欲，运用自如。我们反对“唯技术决定论”，也批判轻视技术的所谓“纯艺术”观点。技术与艺术在广播电视传播领域中的关系绝不是从属的关系，而是相互依赖同步发展的辩证关系。广播电视的诸多艺术形式正是在它和技术性能相互制约、相互促进的自身运动中创建并逐步完善起来的。

一、技术是艺术创作的基础

广播电视艺术的表现力很大程度上包含在对广播电视制作技术和工艺的掌握之中。可以说，任何一次艺术外在形式的创新和内在语言结构的演进，都是通过这种技术语言来表现的，并通过技术上和工艺上的革新来实现。

典型的例子适用于电视文艺创作（如MTV）、电视广告节目和电视片头的制作方面。电视文艺创作中的“二度创作”成为电视编导的必修节目。融入思维才能创造全新，光影色妆、机位运动、画面组合、传送变形、字幕交错、心理节奏，这是一个未可限量的时空。电视视像创作实质上是电视合成图像和计算机辅助设计，而变形（以各种可能的方式方法）及重组是创作的精髓。

作为大众传媒的广播电视已日渐成为一个走向成熟的新艺术门类。从这个角度上说，其艺术的发展在许多方面将有赖于技术上实现的可能性。同时广播电视无论作为大众传播媒介，还是艺术新门类，新技术视听系统的出现和现有系统的现代化都将加强并拓展它的表现力，并对广播电视工作者的探索有重要影响。故仅有对电视技术重要作用的认识是远远不够的。割断了本应浑然一体的技术与艺术的天然联系，在很大程度上限制了创作思维和丧失了对电视客观规律的把握。技术应该成为艺术创作的重要方面。从这个角度上说，广播电视的技术工作者与艺术工作者合二为一势在必行。目前，广播电视的发展正在最大限度地使技术与艺术融合以创造崭新的传播特质。这种自觉运用的结果使广播电视的发展层次超越以往所有阶段。反过来，也将大大鼓舞那些“尝到甜头”的探索者。

二、技术的发展带来了广播电视特有的表现形式和工作方式

广播电视技术及其发展带来了广播电视特有的表现形式和自身工作方式，在广播电视节目形态中均带来不同程度的革命和冲击。下面就电视的部分节目形态做简要分析。

（一）电视新闻节目

电视新闻是电视传播的主要节目形态，要求发挥电视即时、快捷的特点，将世界各地已经发生或者正在发生的事件通过电视传送方式迅速报道给观众。作为最具威力的节目形态，各大电视台均以重装备对待自己的拳头节目，将新闻报道节目的制作设备与普通节目制作设备独立分开设置。

新闻报道的信息源和报道地点、时间难以预测，它的影响范围不仅涉及国内，而且遍布全世界。新闻采访设备最重要的一点就是要能应付任何突发事件，并能从众多、复杂的信息情报中准

确地整理和编辑即时新闻，并迅速地播送出去。

目前电视新闻工作的方式，常见的以电子新闻采集（ENG）方式为主。这是多数电视新闻、电视纪录片采用的传统工作方式。除此之外，新颖的卫星新闻采集系统（SNG）正在世界各地得到应用。这种系统是在可移动运载转播车上安装了小型地面卫星发射站装置。卫星新闻采集车能够在它到达15分钟内播出现场的新闻图像。新闻车的装备包括摄像和编辑设施。它的工作效率很高，只需接通线路，调整天线，就能直接与卫星接通，实现即时播出。

电视新闻无论是在采集上还是在播出串联形式上，利用卫星提高节目的权威性已成为世界新闻发展的趋势。多采用由主播在播报新闻现场以电话或卫星连线等方式和外地记者对谈，这不仅进一步塑造了记者在采访报道新闻中的主导形象，同时这种方式使电视新闻播报方式更加活泼，让观众有一种现场感。

（二）电视纪录片

电视纪录片（Documentary）称谓的最先引进是源于电影纪录片。而今，电视除了在获取素材和制作节目的技术手段上与电影截然不同外，在电视纪录片的外延上也有了自己独特的涵盖。

由于电视摄像纪录设备在排除虚构而直接取材于现实方面有极大的便利，因此大多数运用画面语言、声音和音响来完成叙事、再现、造型或表现的、反映某一特定主题的纪实性与艺术性结合的电视节目都可属于电视纪录片的范畴。

从本质上说，纪录片应是纪实的。电影由于技术的局限致使声画记录分离，从而在追求纪实方面煞费心机。电视技术设备的发展完善对电视纪录片的创作手法的演进产生了相当的作用。电视纪录片在其自身的工作方式中打上了先锋的印记。

（1）电视新闻拍摄手法的运用。建立在纪实审美基础之上的纪录片的拍摄，已趋向最能体现电视现场性和参与性的新闻拍摄手法。用“挑、等、抢”的拍摄方法去捕捉现实的艺术亮点，用跟随拍摄方法更客观地表达生活等等。摄取的素材具有高度的真实感和说服力。

由拍摄设备进步带来的使纪录片恢复真实性、记录原声状态的技术几乎成为一场纪录片创作的革命。大型系列电视纪录片《望长城》做了这种探索工作方式的先驱。《望长城》很注重前期拍摄，打破以往纪录片重画面构图、重光线处理的模式，抓住纪实拍摄这个基点，大量采用一机多声源、多机多声源方式，在拍摄现场做文章，抓拍生活中原态的质朴美，具有强烈的现场性。

（2）现场同期声的大量运用声音作为视听媒介的基本物化元素，与画面一起构成特定的审美时空。电视纪录片中对人物同期采访声的大量运用可以说是突破传统电影纪录片的巨大技术跃进。电视的采录设备提供了同步记录真实声画时空的手段，声音的全方位传播使画面的内涵得到伸延，使人物的情感得到更充分的展现。

目前，各类型的现场声效和人物同期声逐渐取代不必要的冗长解说已成为电视纪录片的新时尚，而穿插在现场纪实画面之间的同期访问谈话，直接向观众叙述，不仅提供了背景材料、发表了议论，又避免了编导的主观介入，使作品更加客观、公正、可信。在纪录片访谈中大量使用的微型无线话筒为电视采访创造了独特的氛围空间。主持人和被访对象衬衫上别着的微型无线话筒替代了令人生厌的大话筒，使采访轻松自然，如促膝谈心一般，透着生活中真实、浓郁的人情气息。这种无线话筒的使用，拆除了摄像机镜头前采访人与采访对象之间无形的墙。采访人不再是生硬的话筒架子，而是一个可以平等交流的对象。屏幕上的人际交流更加接近生活状态下的自然交流，具有良好的效果。

除了同期声的采录，纪录片中利用多轨调音录音技术记录生活背景声、使用数字一体化摄像机的多个声道在闹市区的采访音效记录等都极大地丰富了声音在作品中的艺术表现力，为观众展开了真实的生活氛围时空。

（三）电视体育节目

体育节目是电视传播中形式较为特殊的一类节目形态。由于体育运动带有很强的竞技性，从而使体育节目在反映和表现内容方面带有明显的快节奏、超时空、多角度（甚至超常角度）和强烈的刺激性的特点。

大型综合运动会的电视报道是体育节目的典型代表。以此为例来分析体育节目电视传播的工作方式。

国际大型综合运动会的电视转播需要大规模的报道队伍。除了在转播时效上力求快捷外，对电视图像质量、声音质量、片头制作、节目字幕、图形、慢动作和计时计分系统都有较高要求。现在国际水平的电视转播必须有足够的摄、录、转播系统，还有微波传送，ENG、EFP（电子现场节目制作）采集系统甚至卫星转播系统设备的大力储备。

（1）体育节目片头的独特要求。无论是各类型的体育栏目还是体育运动会的开、闭幕式以及每一项目的比赛开始，都要播放制作精美的动画片头。一个成功地体现运动会精神和力量的艺术片头是电视转播的最佳开始。

（2）字幕、图形和计时计分系统。这个系统是整个体育运动会转播中重要的说明性系统。关于运动员的姓名、号码、国籍情况、比赛得分情况，奖牌决出后的优胜者的姓名、国籍、国旗奖牌图形，各运动会的成绩纪录情况，背景材料等等，随时随刻，电视屏幕出现所需的字幕图形和计时计分状态。电子计算机系统需要输入数以万计的数据并需根据比赛情况随时调出，显示在电视屏幕上。

（3）慢动作重放镜头的使用。很多观众认为在家中收看电视转播要比在体育场馆看现场比赛要精彩、清楚得多。主要原因是在电视中可以看到比赛的近景特写、慢动作重放镜头和丰富的屏幕资料。慢动作是体育节目中出现概率最高的画面技巧，这种效果的形成是一种弹性的动力美制造出来的一种虚幻神秘的气氛。在体育实况转播中的作用，主要是放慢运动速度，让观众看清楚某一动作的运动过程。

（4）遥控摄像机和微型摄像机的使用。在游泳比赛中，为了让观众看到运动员游泳的水下镜头，采用了安装在游泳池底部的遥控摄像机。摄像师采取遥控方式操作摄像机，特殊的角度拍出不少精彩镜头。而在体操和其他一些比赛中，采用吊在空中的微型摄像机、采集单杠、双杠和鞍马的空拍镜头，从独特的视角给予观众独特的画面审美。大大提高了节目的可视性。

（四）电视文艺节目

电视文艺涉及以下几种类型：

（1）将异种艺术进行移位演播。这种类型节目内容十分广泛。它可以是正在上演的舞台剧、演唱会、游艺晚会等，利用 EFP 形式，或录像播出，或现场直播；它也可以是将原有的艺术形式转置演播室或实景中拍摄。后者在拍摄制作中具有更大的灵活性和创造性，常常使互不相干的艺术形式相互穿播和渗透。最常见的例子如 MTV 的拍摄制作。

（2）有脚本创作的大中型演播类综艺节目。这是电视节目中几乎综合了电视各种特性的高难度节目。首先它具有很强的现场性和参与性，大量的现场观众可与主持人直接对话交流；其次带有很强的新闻性，主持人需要进行即席采访，必要时需穿插各种新闻性录像；最后具有高度综合性，各种艺术形式穿插其中，有的甚至还需加入主持人与电视观众的直接电话对谈，主持人成为整台节目的灵魂。这种节目形式常以现场直播的方式播出，如中央电视台每年的“春节联欢晚会”。

另一种类型的综艺节目是利用录像演播的形式进行创作的。由于录播的优势，编导有足够的时间雕琢结构，并相应发挥“技术滤器”的巨大作用，在前期拍摄的基础上进行作品的“二度创作”。应该特别提到的是，电视特技是“技术滤器”中的一种全新创作形式。随着电视制作进入掌握编辑机、电子特技阶段，技术的潜力将无可估量地发挥出来，同时电视思维也将进入新的阶段。充分运用抠像、多机画面同时传送、叠画、图像变形、三维特技等手段来传送节目情绪和心理节奏，并赋予节目时空交错、虚实结合的特征，给人全新的视觉感受。电视是高技术的结晶，是一种强大的现代化传播手段。要时刻想到充分运用这种先进手段，使观众在观看节目的分分秒秒，都有一种全新的感受，接受立体的、全方位的、多视角的节目信息。

与此同时还应提到的是电视字幕元素在文艺节目的创作中也是一个不容忽视的有力表现因素。

（3）电视剧的创作。这种以生活为基础的非真实电视创作形式类型多种多样。但无论是前后期合一的室内剧拍摄，还是神话科幻电视片都离不开电视摄录、电视制作的技术复合手段。

（五）电视广告节目和电视片头制作

电视广告节目近年来在风格和样式上向着两个极端发展。一是利用传统电影胶片的特质拍摄的图像清晰、色彩鲜艳、柔美抒情的故事情节型或色彩构成型风格，如我们常见的化妆品、啤酒、油料等广告。由于画面质感真切，光线考究，色彩浪漫，形成一种古典高雅的广告时尚。另一个极端就是电子计算机在视频领域中运用产生的现代视像创作风格。这种类型也普遍运用在各种电视节目片头设计中。视像创作包括三维电视特技和电视字幕系统以及电视图像平面合成的综合运用。

电视视像创作的实质是电视合成图像和计算机辅助设计。人们可以利用现存的真实图像，外加电视特技给予的变形，附加在根本不存在的电脑创作的背景图像上，添加不同色形的字幕（拼音文字或文字），编一个有逻辑或者根本荒诞的故事，再配以动听的电脑音乐或声音，一个体现一定意图或者连作者自己也不甚明了的电视广告片就炮制出来了。

目前，绘画箱技术普遍运用于电视节目片头的制作中。绘画箱不同于电脑动画之处在于它是一种平面合成图像的技术。在现有真实图像上用“画笔”涂涂改改，修修补补，美术气息浓厚，很有现代风格。

利用电脑进行图形设计的形式亦可独立运用。常见的有各种字母的变形和拟人化运用，各种物体的模拟设计等等。其中不乏反映一定情趣和意义的创意以构成片头特殊要求。总之，计算机动画作品在时空定位和透视感受方面非其他视像创作形式可比，所以应用前景极广。

电视视像创作系统犹如电视传播中的魔方，无法想象它能创造出多少种视觉形式（尤其是它涉及抽象形式）。这恰恰说明了一个问题：在电视技术视像创作领域中，发展是无止境的。

三、技术的发展促进广播电视国际化

当人们刚刚认识到电视是一种由高技术实现的人类面对面的传播方式时，电视通信卫星又使它一跃成为一种超越一切的"世界性"语言，发射到地球同步轨道上的三颗广播通信卫星，能够用电视节目覆盖我们行星全部有人居住的地方。它冲破了自然和人为的阻碍，使偌大的世界变成了小小的"地球村"。

电视的世界性传播，使亿万普通人第一次看到一个共同生活的世界，第一次相互观察和交流。电视信息传播的全球性质，使它成为全球交流的途径、国家之间和民族之间互相了解的独一无二的手段。电视取得了通向一切观众的直接途径。电视传播的国际化使每一个"渺小"的人都可能成为地球的主角。人们认知事物的方式必须发生变革，全球式的思维方式给传播者和受众都注入了更新更高质量的血液。

作为国际传播业中时效最强、效果最明显，也是最基本部分的电视新闻，在电视业的竞争中，它是赢得观众的最有潜力的手段。在电视传播国际化的今天，电视新闻首当其冲地站在变革的前沿。从对伊拉克战争的报道中，这一点可以得到有力的证明。

虽然技术的发展使新闻的采集和传播比以往更迅捷有效，新闻在内容上的竞争也使新闻业本身迅速变化，但是最关键的还在于新闻报道风格的转变。新闻报道节目须力求一种新的风格，这个要求并不仅限于有地方特色或适合当地人口味。电视节目要有对全球的透视。目前世界各地电视台都在力争达到一个目标，即站在高层次上处理和报道国际新闻，要使新闻具有世界性意义而不仅仅是国家意义。即要问一问:“这条新闻对世界意味着什么?”广播电视传播的国际化趋势不仅影响着电视新闻的报道风格，而且在更深层次上使电视传播业的方方面面得到促进。中国的电视传播要立足世界、放眼全球，我们的电视节目需要有更大的气魄。电视传播的国际化成为电视发展的总趋势。

四、技术的进步使广播电视成为多媒介传播体

不同时代的科学技术成果最终以物质手段形式融合到了艺术及传播媒介中去。广播电视尤其如此。目前，对电视特性本体的认知使“电视传播媒介”这一称谓取代“电视艺术”称谓已得到普遍认同。在较长的一个历史时期内，技术进步的速度和方向因素局限了对电视的认识、掌握和发展创新。电视被认为只是一种新的艺术形式。无须回避，技术进步进程与整个人类社会的政治构筑、经济基础、文化智能发展是密不可分的。

广播电视是信息时代电子高技术的重要核心。它与其他多种类型高技术的结合兼容使电视传媒成为当今能量巨大、渗透领域深广的技术综合体。卫星电视、有线电视实现了信息传播的全球化，而多媒传播体又最大限度地满足了各个阶层、各种精神消费的个体需求。“传播总体化”和“消费个体化”是电视发展的两极趋势。在广播电视技术领域正在发生着极为深刻的变化：新的制播体系、交互式电视、经过压缩的数字广播电视信号、高清电视、信息资料传递等等。传统的广播电视业已经走到了尽头，一个全新的数字广播电视系统的时代正在来临。

第五节　广播电视新技术及其发展趋势

由于先进的计算机技术、电子集成技术、通信技术迅速向广播电视领域渗透，广播电视业正迎来一场革命性的变化，这种变化概括地说主要体现在两方面，即广播电视的数字化和网络化。其中，数字化是网络化的前提和必要条件，网络化是数字化的有益延伸和拓展。

一、什么是广播电视的数字化

广播电视系统原来使用的是模拟技术，即在把图像、声音信号转化成电信号时，相应的电信号（分别称为视频信号和音频信号）的变化是图像、声音变化的模拟，其频率、振幅和相位随图像亮度、色彩，声音强弱、高低的变化而变化。

广播电视技术从模拟向数字过渡是必然的发展方向，将传统的模拟信号经过一系列环节转换成二进制数字信号，在此基础上，再根据节目制作和播出的具体需要进行各种功能的处理和应用。

所谓数字技术是将连续的模拟信号经过取样、量化和编码成一个个离散的二进制数字信号，每个数字信号只有 0 和 1 两种结果，分别用一个个脉冲来代表。然后进行各种功能的处理、传输、存储和记录，也可以用计算机进行处理、监测和控制。理论和实验都证明，只要取样频率大于模拟信号最高频率的两倍，量化级数足够多，这种数字信号就可以被恢复成与原来完全相同的信号。

数字广播电视设备不仅可以获得比原有模拟设备更高的技术性能，而且还具有模拟技术达不到的新功能，令广播电视技术进入崭新的时代。它令人们看到、听到接近演播室质量的电视图像和CD质量的声音，并使节目内容更加丰富多彩。不仅为人们提供高质量的视听享受，还提供数据、文字、图形和静止图像等信息。

(一) 电视信号的数字化

对PAL制电视信号进行数字化时的取样频率常采用彩色副载波的两倍或四倍，即13.29MHz或17.72MHz。取样频率必须与副载波连锁，这是为了避免因差拍而产生干扰，从而增加复原图像的噪声。

通过取样，把模拟信号变为时间上离散的脉冲信号。这些脉冲信号的幅度仍然是模拟的，因此还必须对模拟幅度进行离散化处理，才能用数码来表示其幅值。这种对幅值进行分级，并按每级进行舍零取整的过程叫作量化。把量化后的信号，转换成数字编码脉冲，这一过程被称为编码。然后用n个比特的二进制码来表示已经量化了的取样值。每一个二进制数字字节对应一个量化值，再经过排列后得到由二值脉冲组成的数字信息流。

这一串数字信息流在D/A转换中，通过相反的过程，重新组成原来的取样值，再通过低通滤波器恢复原信号。通过A/D变换而获得脉冲串的频率等于取样频率与量化比特数的乘积，被称为传输数字信号的数码率。如PAL制电视信号经过编码后，设取样频率为4倍副载波，即17.72MHz，量化比特数为8，则编码后的数码率就是17.72×8=141.76Mbps。如量化采用10bit或12bit，则数码率分别为177.2Mbps和212.64Mbps。当然，取样频率越高，量化比特数越大，数码率就越高，所需要传输设施的带宽则越宽。在目前各厂商生产的数字化视频设备中，最高的量化比特数是12。

在A/D变换时，产生8bit数字化信号必须要有255个精确的基准电压(包括零为256个)。要获得255个基准电压是十分费事的。为此采用两步变换法。

第一步以4bit二进制数码来表示一锯齿波(a)，则可把它分成16个电平(24)，用15个基准电压(0除外)与它做比较，就可产生4bit数码。当上述4bit还原成模拟信号后，便成为一阶梯波信号(b)。把波形(a)与(b)相减，得波形(c)。相减后大大缩小了电平变化的范围。然后再对波形(c)作第二次数字化变换。第二次变换仍以4bit二进制数码来表示，也可把(c)分成16个电平(24)。第一次A/D变换后产生的4个比特称为大比特(MSB)。第二次A/D变换后产生的4个比特称为小比特(LSB)。4个MSB和4个LSB经D/A变换后的波形相加即还原成锯齿波。很显然，以上变换的结果相当于把锯齿电压分成256个电平(16×16)，而实际所需的基准电压，两次一共只有30个(两次二个零除外)。

以上是电视信号用8bit编码的一个最基本的例子，用10bit和12bit编码的电视信号电平等级要增加好多倍，其过程当然要复杂得多。

在解码的过程中(即D/A变换)，要先恢复信号中的色同步脉冲，并组成一个与此色同步连锁的连续副载波信号。以此作为时钟脉冲来取出每行中相应的字节并恢复成模拟幅值。

在A/D与D/A变换的每个步骤中，还要进行各种处理与校正，以保证输入与输出信号的“透明”性，并且不增加噪声电平，这里面时间(或相位)是十分重要的概念。时间偏差会造成取样的不正确或造成误码。A/D与D/A变换虽然是一个极其复杂的过程，但不管电路如何复杂，以当前先进的集成技术来组成专用模块，从使用与价格两方面来说，都将会令人满意的。

（二）音频信号的数字化

数字音频的质量取决于 A / D 与 D / A 变换的准确性。人耳的特点是：它能感觉极微小的声音失真而且又能接受巨大的动态范围。由于这个特点，它对变换过程中所要求的精确度远高于视频的要求。

数字化的第一步是取样。取样时要有一个等幅的脉冲串，音频信号对脉冲串进行幅度调制，这与 AM 发射机相似。AM 发射中，在载波两旁产生两个边带波。这里的取样脉冲也产生边带波，并有一串无限的谐波，在谐波两旁也重复产生边带波，取样信号通过一个低通滤波器以去除谐波并恢复原来的基带信号。谐波的存在虽然对人耳不起作用，但若信号在经过随后的电路中，只要有丝毫的非线性存在，便会产生大量的互调失真。如在一定的取样频率的情况下，基带宽度过大，将会造成频谱重叠，也就是基带中的部分频率与取样频率的边带波有交错的现象。交错现象将使还原后的模拟音频信号听起来十分不悦耳。这也就说明为什么取样频率必须大于基带宽度的二倍。为了避免交错现象的发生，在模拟基带信号输入到变换器之前加一个低通滤波器，其截止频率必须小于取样频率的一半。

以上分析说明取样频率的选择十分重要。取样频率过高，将造成设备成本的增加。上述模拟信号低通滤波器的截止频率边缘不可能无限陡峭，所以取样频率又必须略大于基带带宽的 2 倍。专业数字音频设备的取样频率选在 2 倍于 20kHz 附近，常用的是 48kHz。电视伴音信号的取样频率又必须与图像扫描频率连锁，因此所取数值略有出入。广播用的音频带宽，15kHz被认为已足够。所以32kHz的取样频率也就被认可。NICAM728（准瞬时压扩音频复用，俗称“丽音”）电视中的立体声系统以及DAB技术也采用这个频率。CD盘片中的取样频率是44.1kHz。不同标准的取样频率是不能兼容的。采用取样频率变换器，可以不经解调而改变原来数字信号的取样频率。

量化和编码使用的比特数是相互关联的。量化级数越多，编码比特数的字长就越长。以当今的数字转换技术来说，转换器能达到18到20bit的分辨率。事实上，把这样字长的取样信号送入DAB或NICAM系统中去，某些字符也必须缩减。缩减的方法不是简单地擦去一些低价比特，或把某些幅值进行归并，这样将影响原信号的线性。实际上字符的缩减是采取数字抖动的归并方法。它可等效于幅值归并法，且较幅值归并法更有优越性。数字归并法是一种数字程序的“伪随机”的处理方法。

如前所述，提高取样频率有较多的优点。可以简化模拟输入输出的滤波器，可以不使其截止频率处特性太陡，又可使变换器元件有所简化。但增加取样频率必使传输码率增加，而要求增加传输系统的带宽。

系统中取样频率为正常符合Nyquist取样率的n倍。但经过一个被称作取样分化器的数字滤波器后，还原成原来的Nyquist取样率，使其带宽符合经PCM调制后的标准带宽，以便送入传输系统。在接收端，解调后的信号再经过一个被称作取样插入器的数字滤波器后，使取样率再次提高n倍。

这个系统既能保持超取样率的优点，又符合信号经PCM调制后限制带宽的适应传输系统的要求。

（三）数字技术的早期应用

数字技术在广播电视中的应用，最早出现在录像机的时基校正器上，它解决了由于录像机走带系统造成的时基误差校正问题。

20世纪70年代中期1英寸螺旋扫描录像机问世。随着行、场存储器的不断完善，接着又推出了第一台数字帧同步器。这一技术的商品化解决了外来信号与电视台内信号的同步问题，最终使各大城市可与台外信号锁相同步，从而使之与台内节目进行同时直播成为可能。

由于各国电子技术发展进程和历史背景不同而形成的三大彩色制式，给电视节目交换和国际交流带来许多不便，所以各国在发展数字电视之始，均期望把数字电视制式统一起来。据此，在1982年CCIR的第15届全会通过了CCIR601建议书，选用分量编码作为演播室中统一制作的标准，按照通常习惯以三个分量取样频率比4：2：2来命名并研制出数字分量D-1格式。然而，1986年美国安培公司又推出了自己的数字复合录像机，并得到Sony公司的支持，被称为数字复合录像机D-2格式。后来的事实证明D-2格式比D-1格式更实用，因为当时世界上大多数电视台面临的都是模拟复合信号环境，所以D-2格式大受欢迎。

此后又出现了模拟分量Betacam、数字分量DVW和DNW等格式。此外，还有MII、SVH-S、DVCPRO、Digital-S等等不同厂家的代表机型。

1998年上半年，电视专业委员会受国家广电总局科学技术委员会的委托，对当前JVC、松下和Sony三家公司的Digital-S、DVCPRO、Betacam-SX和DVCAM四种数字分量录像机进行了技术指标测试和图像质量评价。得出的结论是大体上相当，主要技术指标都明显优于当时的高档模拟分量录像机。各种机型又各有千秋。

二、数字技术的优势

和模拟信号相比，经过数字化处理的广播电视信号在还原性、易复制性、抗干扰性等方面都具有无可比拟的优势。更为重要的是，数字广播电视设备和模拟设备相比可以获得更高的技术性能，而且还可以开发出许多模拟技术达不到的新功能，极大地丰富了电视节目的时效性和可视性。从技术角度来讲，数字广播电视技术具有的优点主要体现在以下几个方面：

（1）数字信号在传输过程中通过再生技术和纠错编解码技术使噪声不会逐步积累，基本不产生新的噪声，保持信噪比基本不变，接收端图像质量基本保持与发送端一致，适合多环节、长距离传输。

（2）数字电视设备输出信号稳定可靠，能够避免在模拟系统中非线性失真对图像的影响，消除了微分增益和微分相位失真引起的图像畸变。

（3）易于实现信号存储，使用各种数字处理，如帧存储器、数字特技机、数字时基校正器，产生新的特技形式，增强了屏幕艺术效果。数字电视信号具有极强的可复制性，用在节目制作上可提高图像质量。

（4）数字技术与计算机配合，可以实现电视设备的自动控制和操作。

（5）采用时分多路数字技术，可以实现信道多工复用，如进行图文电视广播（CCST）等。

（6）利用数字压缩技术使传输信道带宽比模拟电视明显减少，通常为模拟电视的1/4左右，甚至更小，这样可以合理利用各种类型的频谱资源。对地面广播来说，数字电视可以启用模拟电视的“禁用频道”，也可以采用“单频网络”技术进行节目的大面积有效覆盖，如用一个数字电视频道完成一套电视节目的全国覆盖；对于卫星传输及广播，利用数字压缩技术，在一个卫星频道上转发多套电视节目，达到节省卫星信道的目的，提高传输容量。

(7) 采用数字编码方法，便于实现加扰和解扰技术，使收费电视在实际中得以应用。

(8) 数字电视信号具有可扩展性、可分级性和互操作性，便于在各类通信信道，特别是异步转移模式（ATM）网络中传输。随着电视数字设备向多媒体方向发展，可形成开放性的电视多媒体网络，方便与各类计算机网络联通，达到信息共享。

三、数字广播电视系统

由于数字技术具有强大的优越性，所以近年来广播电视数字化的进程明显加快，模拟信号向数字信号过渡也全面展开，这不仅体现在单一数字设备的改进和创新上，如出现了数字摄像机、录像机、特技机、切换台等一大批运用数字技术的设备；而且体现在大规模的整体性的数字系统的日趋完善上，如出现了全数字电视演播室、全数字电视转播车、数字压缩的卫星新闻采集转播车（DSNG）等。且目前这种数字化进程还正在向全电视系统——制作、传输、发射和接收方向纵深发展，如相继出现了数字地面广播、数字卫星直播等。全数字演播室在系统构成形式方面与传统模拟演播室基本没有变化，只是基本设备内部及系统内部信号采用串行数字分量电视信号格式。

对广播电视而言，这场由数字化所引发的革命，主要体现在广播电视节目生产的演播室、节目制作、播出与发射这几个环节，而每个环节都有自身的特点。

（一）虚拟演播室

在演播室环节，产生了虚拟演播室技术。虚拟演播室是基于现代数字技术的视频技术与计算机技术相结合的产物。它将计算机与电视技术结合起来，是一套由计算机软件、主机、现场摄像机、摄像机跟踪器、图形图像发生器、色键器以及视、音频切换台构成的节目制作系统。它能提供逼真的虚拟空间，将人物置于千变万化的虚拟三维空间之中，即将计算机制作出来的背景图像与演播室拍摄的人物完美地结合在一起，从而制作出传统设备无法表现的节目，这是对传统演播室技术的重大挑战。

在虚拟演播室系统中，它能创造出物理上不可能的，或者在传统演播室中难以实现的，或者是太昂贵的布景。同时，由于没有搭建与拆卸布景的问题，使得演播室的利用率大大提高。另外，虚拟演播室技术的出现，除了在制作的手法上为制作人员提供了极大的创作自由以外，对开拓节目的空间、降低节目制作费用等方面都有着十分重要的意义。

（二）非线性编辑系统

在节目制作领域，由于计算机、多媒体技术与数字电视技术相结合而产生了非线性编辑系统。非线性编辑系统是一种以计算机为操作平台的电视节目后期制作系统，它包括了数字压缩技术、数字存储技术、数字图像处理技术、计算机图形技术、网络技术等相关技术。它把数字化、多媒体化、网络化和交互性带入到视频编辑之中，给电视制作带来了重大变革，使许多过去难以做到的美好创意得以实现，它把人们引入了一个“只有想不到，没有做不到”的崭新创作空间。

（三）数字化播控系统

作为电视系统中最重要一环的播出系统，其重要性是不言而喻的。因此，虽然有各种数字化播出设备的出现和使用，以至于全数字播出系统完全取代传统的模拟播出系统成为大势所趋，但在设计数字化的播出系统时，对于安全性和可靠性的考虑仍然是最重要的。系统设计的一切出发点都应以安全播出和安全管理为准则。目前的技术发展已经使得数字化的播出系统基本上能满足上述的要求。全硬盘播出系统已经比较成熟，它不仅可以避免录像机、切换台等设备故障对播出带来的影响，还可以实现播出节目的资源共享。全硬盘播出系统完全以播出服务器为核心，随着RAID磁盘阵列技术、数据容错技术的成熟和进步，它已可以做到故障时的无缝连接备份播出，有效地保障了安全播出。

（四）数字化电视发射机

毋庸置疑，在电视的数字化进程中，电视发射机的数字化也是不可或缺的重要一环。目前的数字电视发射机及相应的测试设备和测试信号源等都有了比较成熟的产品。数字电视广播对于发射机的基本要求主要有以下几点：第一点是功率放大器要有足够高的增益，以保证射频输出功率电平；第二点是放大器要有良好的线性、足够宽的动态范围；第三点就是发射机具有足够高的频率精度和稳定度以及低相位噪声，保证被传输信号的误码率尽可能低。

目前的数字电视发射机按传统上以频段、末级功放类型分类主要有三类：采用感应输出管的IOT发射机；采用四级管（包括双向四级管）的中电子管发射机；全固态发射机。其中，IOT发射机的优点是功率高、线性较好，可在较宽的线性动态范围、较低的平均功率下高效工作，非线性校正容易实现。缺点是工作电压高达 25kV ~ 35kV，腔体的隔在流结构实施较难，对腔体的保护及整机的维护要求较高；单电子管发射机的优点是线性好、效率高，AB 类工作时具有足够宽的线性范围和较高的效率，缺点是寿命短；全固态发射机的优势则在于器件的寿命长，可靠冗余度高。缺点在于价格较贵、线性较差、效率较低，通常采用 AB 类工作以提高效率和输出能力，但必须采用性能优良的中频预校正电路。

随着超大功率合成技术的采用，目前的数字发射机的功率已可达到 100kW ~ 200kW，可靠性也有了很大的提高。综合起来看，IOT 发射机是高功率数字电视发射机的首选机型。

（五）电视系统的网络化

目前数字系统基本结构有两种。一种如传统的模拟系统的线性结构，只是把相应的设备换成数字设备，再加上辅助的编码与解码等设备。另一种则是完全的计算机网络，采用以服务器为中心的分布式结构。目前，整个电视系统内部的系统的数字化已基本成熟，更进一步的发展方向应该是全电视系统的网络化。

电视多媒体非线性技术的出现，为节目制作、播出网络化提供了条件。为了提高工作效率，达到资源共享，可以将以单机工作方式的多台非线性编辑系统、虚拟演播室系统、动画工作站、音频工作站等各类以计算机为操作平台的系统组成网络，成为电视台内部的一个局域网子系统。还可以将电视台内的各个制作、播出及管理等子系统，采用可传输多种信息的 ATM 网或宽带以太网拓扑成一个大的局域网，建立全台的宽带视频综合业务网络，实现计算机设备、多媒体设备的互联和信息交流共享，并支持各虚拟网络之间的信息交换，使台内与台外的网络之间互相联通，形成大的广域网。从物理结构上讲，它应该是由诸如新闻子网、节目制作子网、播出子网、节目存储网等应用子网构成。对于每个子网而言，由于自身对于节目素材的使用要求不同，因而也具有不同的结构。

毫无疑问，这样一个网应该具有以下的特性，即要求具有易用性、可扩展性、高可靠性，以及可管理性、可选择性、可兼容性和设备的可互换性、业务处理的可定制性，具有智能化、容错能力强的特点。

如果说广播电视系统本身网络化是一种狭义上的概念，那么随着电视系统的全面数字化，将加强电视最终与通信和计算机一体化，形成一种广义概念上的网络。原来是不同媒体的电视、通信和计算机在全部数字化后，在数字域中均以“0，l”为基本单元，形成“0”“l”符号的比特流。光纤、卫星、数字微波等这些通信传输手段也成了电视的传输手段。电视、通信、计算机这些迄今相互分离的技术将融为一体，使这些业务互相渗透、融合、会聚。这种发展趋势，使电视网络不仅可单向传送节目，还提供多种新形式、程度不同的交互式服务，如视频点播（VOD）、远程教学、电视会议、与因特网联网等。随着电视网络化向深度发展，广播电视行业最终将会是完全交互式的多媒体，但这个过程是逐渐过渡的，从今天的“模拟—数字播出—加入交互式数据服务—完全的交互式多媒体环境”这个过程的原动力来自广播电视技术的数字化、网络化。

目前的计算机网络技术、数字技术的发展已可以实现电视台范围内的网络化，如网络化的新闻中心、非线性编辑系统、自动播出系统等，但要建立一个完全基于网络的数字化电视台，技术上还有待于进一步提高完善，如设备的互换性、扩展性等。同时，还要求具有一系列统一的、严格的软硬件标准的制定。就现有的技术水平来看，要实现数字化基础上整个电视系统的完全网络化，还有相当的路要走。但是，广播电视系统的完全数字化和网络化是电视未来发展的方向，这一点是毫无疑问的。

四、广播电视新技术发展趋势

广电媒体的发展与平面媒体的发展有着非常多的相似之处，都是呈现螺旋式交替上升的发展趋势，并且最终融合在宽带媒体中。其发展趋势有如下表现：

（1）广电媒体的全面数字化。这是一个迅速发展中的市场，广电媒体的数字化已涵盖到节目的拍摄、存储、制作、播出、发射、传输等全过程。采用的数字化技术手段包括基于磁带的数字化和基于硬盘的数字化。而基于硬盘的数字化由于在性价比上的绝对优势，是广电媒体数字化的最终选择和必然趋势。

（2）数字媒体的网络化。这是一个启动不久的市场，随着广电媒体数字化的推进，尤其是基于硬盘的数字化手段的发展，在节目的存储、制作和播出领域采用数字化网络已成必然选择。网络化为广电媒体带来的一个显著效益是：不但可以达到素材共享和信息交换的目的，而且可以发挥团队管理和分工协调的效力，提高节目制作、播出和管理的整体水平。

（3）网络媒体的交互化。这就是所谓的交互媒体的概念，是一个待开发的巨大市场。交互电视和流媒体广播就是典型的交互媒体。交互媒体的出现不但带来一种全新的节目制作形式，而且同时也带来一种全新的节目传播方式。网络媒体的交互化将最终推动宽带媒体时代的来临。

（4）交互媒体的智能化。这就是所谓的智能媒体的概念，这是一个处在试验阶段的不可估量的市场。例如目前比较流行的NVOD就是典型的智能媒体，受众只需要设计一份需要收看的节目单，系统就将自动给你提供符合个性化要求的视频服务。

(5) 智能媒体的多元化。这是一个潜在的市场。从国外媒体的发展趋势来看，媒体的融合已是大势所趋，国外已涌现出许多大型的媒体集团，如新闻集团、AOL时代华纳等。国内早几年也已组建了大量的报业集团和出版集团。中国广电媒体也实现体制改革开始建立广电集团。再进一步，平面媒体和广电媒体的融合也是将来的发展趋势。智能媒体多元化还体现在传播、接收途径上的多元化，包括地面传播、有线传播、卫星传播、网络传播等。

我们正面临着的这场由数字化引发的广播电视领域的革命，深刻地改变着我们原有的知识结构，业务分工和已经习惯了的工作模式，只有通过不断学习和熟悉数字技术、计算机技术、通信网络技术等方面的知识，才能更好地为广播电视事业服务，在数字化时代得以生存，有所作为。

第六节　我国广播电视媒体数字化、网络化的发展

一、数字化是广播电视变革的基础，网络化是广播电视变革的关键

当广播电视媒体经历过模拟时代的辉煌，发展趋缓的时候；当以互联网为特征的第四代媒体快速崛起的时候，我们突然发现曾独领风骚数十年的广播电视媒体正面临新的挑战。变革，已经成为广播电视媒体再铸辉煌的迫切要求。数字技术的成熟给广播

电视媒体的再生带来了极好的机遇。利用数字技术不仅使整个广播电视系统的技术质量显著改善，使频率资源利用率大大提高，更重要的是数字技术使电视媒体与新型媒体的融合成为可能，使广播电视媒体能长期处在现代媒体的发展前沿。

仅仅采用数字技术并不可能给传统的电视制作播出流程带来根本性的变化，所谓的数字化改造，往往只是设备的置换，是一对一的置换。其变化仅仅是平面的，是物理变化。

网络技术的快速发展，给电视媒体提供了再次腾飞的良机。网络化使传统的、个别的、孤立的资源有机地结合在一起，极大地提高了生产力，创造了全新的工艺流程。

计算机、多媒体技术与数字电视技术相结合产生的非线性编辑和虚拟演播室等系统，使我们可进入一个崭新的创作空间。网络中的几个终端可以同时制作同一节目的不同段落，传统的电视节目制作串行工作方式改为并行工作方式，大大提高了工作效率。在新闻节目的制作和播出环节中，一个基于新闻硬盘采集、数据传递、非线性编辑制作、多频道硬盘播出的数字制播网络，可方便地传输视频、文稿和其他各类数据，无须素材上传和下载，实行节目的无磁带播出，增强了新闻的时效性，便于新闻滚动播出。作为电视中心网络化关键环节的媒体资源管理系统将全台各个节目制作、播出及管理等子系统，采用可传输多种信息的宽带网拓扑成一个大的局域网，再利用广域网实现台内与台外的网络之间互相联通。

可以预见，未来的广播电视技术系统将是一种广义概念上的网络。电视、通信、计算机这些曾经相互分离的技术将融为一体，使这些业务互相渗透、融合、汇聚。这种发展趋势，使电视网络不仅可单向传送节目，还提供各种形式、不同层次的交互式服务，如视频点播（VOD）、远程教学、电视会议、商务电视等各类宽带服务。随着电视网络化向纵深发展，电视行业最终将成为完全交互式的新型媒体。

二、中国电视媒体数字化、网络化发展现状

（一）电视台内数字化、网络化

20世纪90年代初，数字化开始在中国进入电视台的节目制作系统，从更换录像机到建立数字编辑系统，发展到演播室系统的数字化，最后是中心系统的数字化，最终形成电视台内整体性的数字系统布局。经过短短十余年的发展，国内各级电视中心经历了从数字到非线性编辑，从模拟分量录像机到全数字录像机，从模拟磁带存储到光盘、数字磁带以及网络化存储，从机械手自动播出系统到硬盘全自动播出系统。目前，已基本形成技术系统的整体数字化网络化格局。

据不完全统计，目前国内：

79.3%的电视台拥有数字演播室；

51.7%的电视台拥有数字虚拟演播室设备；70.0%的电视台拥有数字转播车；

72.0%的电视台拥有数字录音系统；

75.0%的电视台拥有数字播控系统（其中42.6%为硬盘播出系统）；

96.6%的电视台拥有数字后期制作系统（其中非线性编辑占46.0%）；

100%的电视台拥有数字录像机；

70.0%的电视台拥有数字网络制作系统；24.1%的电视台拥有数字网络播出系统；24.1%的电视台拥有数字播出、制作一体

化网络系统；

65.5%的电视台计划在5年内完成数字化改造。

总的说来，无论是从技术发展的历程还是各电视台的实践来看，电视台数字化、网络化的进程可以分为四个较为明显的阶段：一是单机及设备的数字化，如采用数字录像机、数字磁带、数字演播室、非线性编辑单机等；二是电视台的局部网络化，如采用非线性制作网、新闻网、制播一体网等；三是全台网络化，即以媒体资源管理为核心，将制作、播出连为一体的制、播、存一体化网络贯穿电视台整个业务流程；四是通过广域网实现台际联网，形成电视台之间的资源共享和将广电资源向社会公众有条件开放的网络。目前，国内电视台数字化、网络化的发展已经基本上实现了局部网络化，正在向全台网络化阶段迈进。

（二）电视媒体广播数字化、网络化

我国数字电视播出启动起源于1995年中央电视台四套加密卫星频道的开播。1996年以后，省级电视台开始逐步使用数字压缩技术进行卫星电视节目的传输覆盖，目前共传送98个卫星数字频道。1998年底，中国广播卫星公司建立起直播卫星试验平台，将中央电视台和各省台的上星节目全部集中起来，通过一颗卫星上的四个转发器以数字方式向全国传送，解决老少边穷地区收看电视难的问题。卫星数字电视技术的应用为各地有线电视网络提供了丰富的节目源，数字电视节目通过卫星传送给城市电视台，迅速推进了有线电视网的发展，扩大了广播电视覆盖范围。

1999年，中央电视台成功地对国庆50周年庆典进行了高清晰度电视地面转播试验，并从此开始每天2小时试播高清晰度电视节目，受到国内众多媒体的广泛关注。上海从2015年就开始了地面数字电视广播移动接收试验，在公交大巴上安装了接收机，试验情况良好并受到乘客广泛关注。通过2000年对美、日、欧三种地面数字电视制式的全面测试，2001年对国内提出的五套地面电视播出系统的测试，建立了一套可供多种制式试验、测试、验证的地面数字电视广播试验平台。测试为制定地面数字电视广播标准和开展地面数字电视广播业务取得了大量可靠的第一手资料和数据。但是，研究提出适合中国国情的自主知识产权的地面数字电视广播标准任重而道远。

（三）电视媒体数字化、网络化发展的思考

1. 以节目为龙头，推进电视媒体数字化网络化

“Content Is King”（内容为王）。节目是广播电视的灵魂，节目是电视媒体数字化网络化的原动力和重要内容。数字化网络化的目的是为了给电视观众提供内容丰富、画质优良、方便快捷、更加个性化的节目内容，数字化网络化仅仅只是满足新需求的新手段。

在发展数字电视的进程中，必须紧紧抓住节目这一龙头。如果不重视对现有大量的电视媒体资源的开发再利用；如果不积极引导数字高清晰度电视节目制作，探索研究数字高清晰度电视节目制作新技术和节目资源的新市场；如果没有面貌全新的、形式多样、层出不穷的节目推出，我们的数字电视将成为空中楼阁、无米之炊。技术搭台，节目唱戏，建立数字高清晰度电视节目制作示范基地，国家从政策上重点支持数字高清晰度电视节目的生产，扶持和培育数字高清晰度电视节目市场，提高对庞大的电视媒体资产的综合开发利用水平，我们才能够在数字化网络化革命中提升电视媒体的核心竞争力，才能够满足广大人民群众精神文

化生活需要，才能够赢得这个新技术催生的新兴的巨大市场。

2. 数字电视广播亟待推进

经过1996–1998年卫星电视节目传送的数字化和2000–2001年对欧美日三种制式的全面测试及国内自主开发的五种制式进行的摸底测试，积累了丰富的经验和大量的数据，建立了完整的测试系统，为我国数字电视广播标准的制定和开发奠定了基础。尽管我国在数字电视广播的发展方面取得了一定的成绩和经验，但与国际上的发展水平还有很大差距。在发展速度上，我们和发达国家的差距正在拉大。

北京申奥成功为我国发展数字电视广播创造了千载难逢的机遇，2008年奥运会将以数字高清晰度向世界播出。近年来中央及省级电视台内的数字化进程加快，数字电视节目制作、播出能力基本具备，为数字电视的播出奠定了基础。现阶段的迫切任务是加快推进有线数字电视的广播，必须认清形势，抓住机遇，奋起直追。

3. 创新多元化业务形态，提升电视媒体的综合竞争力

数字技术、网络技术的应用给电视媒体带来了一场具有深远意义的革命，这场革命为电视从传统媒体跨越到现代新媒体提供了良好机遇。但是数字化网络化也改变了电视媒体的生存状态，加剧了竞争环境，对传统的电视媒体形成了强大的冲击。

一方面是多媒体互联网的快速普及应用，宽带通信服务领域的各种业务呈几何级数的拓展，传统的界限分明的行业在信息技术飞速发展的今天已经逐步交叉和融合，人们获取多媒体信息的渠道如此的丰富多样，使得传统的电视媒体处境日益艰难。另一方面，加入WTO以后，还必须应对国际传媒巨头的严峻挑战，无论是节目的制作、网络的整合，资金的拼比、专业人才的争

夺，中国的电视广播媒体都正面临着有史以来最为严峻的考验。

面对如此紧迫和严峻的形势，必须抓住数字技术给传统电视媒体带来的机遇，积极进行电视媒体业务形态的创新。要创造性地利用数字化、网络化开创多元化的业务形态，提供多层次平台，充分发挥宽带、可移动、双向广播电视网的优势，积极开展数字高清晰度电视、个性化的交互电视业务、适应各种传输的IP广播、VOD、远程教育、数据广播、电视银行、各种交互信息服务。

二、构建我国广播电视新技术体系

随着技术的发展和综合国力的增强，我国广播影视事业正在进入一个新的历史时期。其主要标志有二：一是实现广播影视系统的体制改革，理顺管理渠道，营造一个适应社会主义市场经济、有利于广播影视发展的大环境；二就是充分运用先进技术，构建以数字广播、网络技术为基础的新技术体系。

（一）基本考虑

新技术体系的主体是一个以节目为龙头，以网络为纽带，以用户为基础，以数字化图像、声音、数据播出，为广大用户提供多样化、个性化、交互式广播影视服务的体系，它将开创我国广播电视事业发展的新阶段。

各节目制作单位应建立广播影视节目库，用传输网络将各播出单位、各级广播影视节目库连成一体，形成一个全国范围的广播影视超级市场，构建一个资源共享的广播影视节目平台。这个节目平台应由三部分组成：①实时播出的广播电视节目，主要由中央和省级台提供；②广播影视节目库；③信息网站。现代广播电视播出系统还要具备三个特点：①数字电视、广播、数据播出；②满足用户按需求选择节目和信息；③有足够的传输通道和带宽。

（二）新技术体系的网络模型

广播影视节目平台、全国广播电视传输网与各级地方广播电视播出机构相连，组成国家 VOD 系统。地方广播电视播出机构、有线网和用户相连，组成地方 VOD 系统。这两个系统通过网络连成一个整体，节目由国家广播影视节目平台提供，由地方广播电视播出机构管理，形成全程全网、畅通无阻、利益共享、良性循环、端对端服务的全国性广播影视网络服务体系。广播影视节目平台除包括中央和省级（含可自办节目的城市）广播影视播出单位的整套节目外，还包括五种类型的节目库：广播影视播出单位的综合类节目库；电影集团的电影节目库；社会各界的专业节目库；各影视剧制作单位的影视剧节目库；新闻单位的新闻节目库，以及相关的互联网站。传输网络应以光缆为主，辅之以双向卫星传输网，以保证节目传送安全可靠。

（三）新技术体系的特点

1. 全国广播影视实现从层级式向网络式结构发展

新体系把全国广播影视有关的部门、单位连成一个整体，打破现有的封闭分割状态和行政地域层级制（条块制），发挥网络的规模效益，有利于系统管理、总体协调、发挥整体优势，把我国广播影视事业做大做强。

新体系把直播频道主要设在中央和省级台，地方节目必须从网上获取，保证了广播电视的舆论导向和播出质量。

2. 有利于广播影视节目的市场化运作

新体系以网络为节目市场运作的主体，促进了资源的合理流动和规模经营，提高了运营水平，增强了自我保护和发展能力，是一个调控有力的经营管理模式。

提高节目的利用率，把几十年来制作的大量优秀的广播影视作品转换为巨大的财富。

建立有线广播电视节目和播出的市场运作机制。以市场运作方式，对不同节目、不同的地区和服务对象，建立一整套广播影视节目收费标准。

3. 提供丰富多彩的技术服务

新体系把用户、媒体和节目源连在一起，可以充分发挥有线频道资源和网络资源的优势，为用户提供高质量、多样化、个性化广播影视服务。用户成为广播影视收看的主体，他们可通过有线前端连通全国广播电视网，从中选择任何一个节目库提供的 VOD 节目。

地方广播电视播出机构和有线网是确保用户收听收看的关键，“新体系模型”允许地方有线广播电视系统同时以模拟和数字方式播出，同时逐步规范有线网，开展数字播出业务，发展数字用户，完成新体系的构建工作。

4. 两级广播机构各司其职

中央和省两级广播电视播出机构的主要任务是组织好节目，地（市）县广播电视部门的主要任务转变为建好、管好、用好本地区的广播电视传输覆盖网络，为中央和省级节目落地服务，并从节目平台上下载节目，为用户提供多样化、个性化广播影视服务。

5. 有利于“三网融合”

数字、网络等技术的应用，使广播影视内部，以及与通信、计算机等行业的界限日益模糊，相互竞争、相互融合之势日趋明显。“广播电视技术新体系”是广播影视系统内部包括影视节目、声音和数据的交互式可寻址传输网络，经过某些处理后，与电信网络实现互通互连，将是实现三网融合的一个新思路。

（四）新技术体系带来的新变化和提出的新要求

(1) 新技术体系使广播影视媒体与用户联系更密切。

(2) 新技术体系对广播影视的技术标准提出新要求。

(3) 新技术体系对广播影视的体制改革、机构调整、职能分工提出新要求。

(4) 新技术体系对广播服务提出新要求。

(5) 新技术体系对广播影视政策提出新要求。

(6) 新技术体系对广播影视节目提出新要求。

(7) 新技术体系对广播影视的管理提出新要求。

(8) 新技术体系对广电队伍素质提出要求。

在我国，广播电视是人们重要的文化娱乐形式，随着生活水平的提高，人们已经不满足于单纯的收看模式，节目的多样化、个性化需求提高。为此，国家广播影视部门做了大量的工作，目前数字电影工作站初步建成，数字电视平台方案已制定，正在抓紧建设数字影视节目数据库，一个以数字技术、网络技术为基础的广播影视技术新体系正在形成。

第三章　数字媒体时代的广播电视技术基础数字电视基础

第一节　声音信号的数字化

一、声音信号的数字化过程

声音信号的数字化是将模拟音频信号转换成数字音频信号的过程。模拟信号的振幅具有随时间连续变化的特性，由话筒直接转换来的声音信号是模拟信号，对模拟信号在进行处理、存储和传送都会存在引入噪声多和信号失真大的缺点。数字音频信号是振幅不变的脉冲信号，具有振幅离散的特点。音频信号的信息量包含在脉冲编码调制（Pulse Code Modulation，PCM）中，各种处理设备引入的噪声和产生的振幅非线性失真与数字信息完全分离。因此，数字音频信号具有动态范围大、复制不走样、可实施多路复用传输、可实现远程传输和监控、抗干扰能力强等优点。

(一) 声音信号的数字化

把振幅随时间连续变化的模拟信号按适当的时间间隔进行振幅的脉冲采样，然后将各个时刻的采样振幅值用二进制数进行量化读出，最后把这些量化后的二进制数组按时间顺序排成可以顺序传输的脉冲序YO (编码)，这样就完成了模拟信号转换为数字信号的全过程。简单地说，模数转换就是采样（Sampling）、量化（Quantization）、编码（Coding）三个过程。

（1）采样。把模拟信号按规定的时间间隔截取振幅的数值，形成时间上不连续的脉冲序列，称为采样。间隔时间相等的采样为均匀采样，也叫线性采样；间隔时间不相等的采样为不均匀采样，也叫非线性采样。为了能使采样后脉冲序列正确无误地再现原信号，采样必须满足奈奎斯特定理。即：采样频率 f_s 要等于或大于模拟信号的最高频率 f_u 的 2 倍。一般来说，采样频率越高即采样时间间隔越短，采样频率越低即采样时间间隔越长。采样频率过高对滤除数字信号噪音越有利，但会需要更高的数据率。CD 音频通常采用 44.1kHZ 的采样频率。

（2）量化。量化是用二进制数组读出各采样时刻的振幅值，并把振幅值按四舍五入法变化为能用二进制数表示的数值。量化位数是指量化所用的二进制数值的位数，例如，3 位二进制数组最多只能读取 8（2^3）个电平等级，16 位的二进制数组最多可读 65536（2^{16}）个电平变化等级。量化过程中采样脉冲读出的电平与输入信号振幅之间的差值称为量化误差。量化误差在信号中是一种噪声，所以也称为量化噪声。量化位数越多，量化精度越高，信号失真越小，量化噪声也越小。

（3）编码。把采样、量化后的二进制数组按时间顺序排成可以顺序传输的脉冲序列，称为编码。编码的目的是能把时刻读出的二进制数据按时间顺序传输出去，由于数字电路以开关的通和断（1 和 0）两种为基础，因此数字技术编码采用二进制编码。二进制码有 0（无脉冲）和 1（有脉冲）两种状态，每个状态代表传递信息的基本单元，简称二进制的“信元”用 bit（比特）表示，即 1bit 表示 0 和 1 两个数字中的一个。

采样脉冲的编码调制方式主要是PCM。PCM是由法国人A·H·里福斯在1937年提出的。PCM是由一系列等幅的二进制脉冲组成，音视频信号的信息量全部包含在二进制脉冲中，脉冲的振幅不包含任何干扰信息，因此PCM具有极好的抗干扰能力，现已广泛用于通信和各种数字化设备中。采样、量化、PCM编码的全过程称为A/D转换，把数字信号转换为模拟信号的相反过程称为D/A转换。

(二)数字音频格式

音频文件包括声音文件、电子乐器数字接口（Musical Instrument Digital Interface，MIDI）文件和模块文件三类。声音文件指的是通过声音录入设备录的原始声音，直接记录了真实声音的二进制采样数据，通常文件较大。MIDI文件则是一种音乐演奏指令序列，相当于乐谱，可以利用声音输出设备或与计算机相连的电子乐器进行演奏，由于不包括声音数据，其文件较小。模块文件是一种记录方式。

1. 声音文件

数字音频是将真实的数字信号保存起来，播放时通过声卡将信号恢复成声音，然而，这样存储声音信息所产生的声音文件是相当庞大的，因此，绝大多数声音文件采用了不同的音频压缩算法，在基本保持声音质量不变的情况下尽可能获得更小的文件。

（1）Wave文件，*.WAV。Wave格式是微软公司和IBM公司联合开发的声音文件格式，是一种Windows平台及其应用程序所广泛支持的数字声音的标准声音文件格式。Wave格式支持MSA的DPCM、CCITT A-Law和其他压缩算法，支持多种音频位数、采样频率和声道，是PC机上最为流行的声音文件格式，但其文件较大，多用于存储简短的声音片断。

（2）AIFF 文件，*.AIF / AIFF。AIFF 是音频交换文件格式（Audio Interchange File Format）的英文缩写，是 Apple 公司开发的一种声音文件格式，被 Macintosh 平台及其应用程序所支持，Netscape Navigator 浏览器中的 Live Audio 也支持 AIFF 格式，SGI 及其他专业音频软件包也同样使用这种格式。AIFF 支持 ACE2、ACE8、MAC3NMAC6 压缩，支持 16 位 44.1kHz 立体声。

（3）Audio 文件，*.AU。Audio 文件是 Sun Microsystems 公司与 Apple 公司联合为 UNIX 系统共同开发的一种数字声音文件格式，是 Internet 中最古老和最常用的声音文件格式，也是 WWW 上唯一使用的标准声音文件。

（4）Sound 文件，*.SND。Sound 文件是 NeXT Computer 公司推出的数字声音文件格式，支持压缩。

（5）Voice 文件，*.VOC。Voice 文件是 creative Labs 开发的声音文件格式，多用于保存 Creative SoundBlaster（创新声霸）系列声卡所采集的声音数据，被 Windows 平台和 DOS 平台所支持，支持 CCITT A-Law 和 CCITT-Law 等压缩算法。

（6）MPEG 音频文件，*.MP1/MP2/MP3。MPEG 是运动图像专家组（Moving。Picture Experts Group）的英文缩写，代表 MPEG 运动图像压缩标准，这里的音频文件格式指的是 MPEG 标准中的音频部分，即 MPEG 音频层（MPEG Audio Layer），MPEG 音频文件的压缩是一种有损压缩，根据压缩质量和编码复杂程度的不同可分为三层（MPEG Audio Layer 1 / 2 / 3），分别对应 MP1、MP2 和 MP3 这三种声音文件。MPEG 音频编码具有很高的压缩率，MP1 和 MP2 的压缩率分别为 4：1 和 6：1 ~ 8：1，而 MP3 的压缩率则高达 10：1 ~ 12：1，也就是说一分钟 CD 音质的音乐，未经压缩需要10MB存储空间，而经过MP3压缩编码后只有1MB左右，同时其音质基本保持不失真，因此称为目前最为流行的音频文件格式。

（7）RealAudio文件，*.RA/RM/RAM。RealAudio文件是Real Network公司开发的一种新型流式音频（Streaming Audio）文件格式。它包含在Real Network公司所制定的音频、视频压缩规范Real Media中，主要用于在低速广域网上的实时音频信息传输。网络连接速率不同，客户端所获得的声音质量也不尽相同。对于14.4Kb / s的网络连接，可获得调幅（AM）质量的音质；对于28.8Kb / s的连接，可以达到广播级的声音质量；如果拥有ISDN或更快的线路连接，则可获得CD音质的声音。

2. MIDI文件

MIDI是电子乐器数字接口（Musical Instrument Digital Interface）的英文缩写，是数字音乐 / 电子合成乐器的统一国际标准，它定义了计算机音乐程序、合成器及其他电子设备交换音乐信号的方式，还规定了不同厂家的电子乐器与计算机连接的电缆和硬件及设备间数据传输的协议，可用于为不同乐器创建数字声音，可以模拟大提琴、小提琴、钢琴等常见乐器。在MIDI文件中，只包含产生某种声音的指令，这些指令包括使用什么MIDI设备的音色、声音的强弱、声音持续多长时间等，计算机将这些指令发送给声卡，声卡按照指令将声音合成出来，MIDI声音在重放时可以有不同的效果，这取决于音乐合成器的质量。MIDI文件的扩展名为MID / RMI，其文件尺寸通常比声音文件小得多。

3. 模块文件

MIOD / S3M / XM / MTM / FAR / KAR / IT模块（Module）格式是一种已经存在了很长时间的声音记录方式，它同时具有

MIDI与数字音频的共同特性。模块文件中既包括如何演奏乐器的指令，又保存了数字声音信号的采样数据，为此，其声音回放质量对音频硬件的依赖性较少，也就是说，在不同的机器上可以获得基本相似的声音回放质量。模块文件根据不同的编码方法有MIOD、S3M、XM、MTM、FAR、KAR、IT等多种不同格式。

二、数字音频工作站

数字音频工作站（Digital Audio Workstation，DAW）是记录、转换、处理数字音频信息的计算机系统。随着数字音频技术的发展和计算机技术的突飞猛进，数字音频技术与计算机技术完美结合，形成了新型的音频处理设备，即数字音频工作站。在音频制作场所，数字音频工作站统一完成声音的数字化记录、调整、合成、输出的全过程。数字音频工作站在声音广播中的广泛应用，实现了广播系统高质量的节目录制和自动化播出，同时也创造了更加良好高效的工作环境。

（一）数字音频工作站构成

（1）数字音频工作站的硬件结构，主要由计算机、专业声卡及其他硬件设备组成。①计算机。声音信号处理并不要求配置很高的计算机，目前市场上一般的PC机就能满足需要，具体要求是：系统实用性强，数据可靠性高，硬盘容量足够大；有良好的扩充能力，内存至少达到512MB，并且可扩展，支持多个用户节点的能力，具有80MB／s以上的数据吞吐能力，能带大容量的光盘、磁带机等存储设备，具备远程通信及管理能力，支持双CPU和双电源供电系统，具有出色的兼容性和升级能力。②专业声卡（音频卡）。数字音频工作站就是在通用微机上增加专业音频卡和应用软件，使普通微机成为一台专用音频工作站。专业声卡在数字音频工作站中具有举足轻重的地位，决定了音频工作站的性能和功能。音频工作站的声卡一般均选用专业音频卡，该卡使用高性能数字信号处理（DSP）芯片和高档模数转换（A / D、D / A）等器件，能在卡上对音频信号进行 MPEG—1 的 Layer1 / Layer2 实时压缩和解压缩运算，能方便地与其他音频设备相连接，所实现的音频系统技术指标很高。音频卡主要完成模数转换、音频信号压缩及解压缩、数模转换、音频接口以及与微机接口五大功能。优良的音频卡都采用平衡方式输入、输出音频信号，以提高信号的抗干扰能力。③其他硬件设备。除了以上核心设备以外，拾音用的话筒也很关键，扩音、监听使用的功放机、音箱、接头、连线等，也要选择适当的产品。

（2）数字音频工作站软件结构。数字音频工作站软件的功能主要是给使用者提供操作工作站的人机对话界面，并完成音频文件的自动管理。完善的录编播软件，包括节目录制剪接、节目单编制、自动播出、文件管理、节目审听等软件，应具有完善的数据库管理功能，全面的用户权限管理，保护音频节目数据库的安全性等功能，能全面实现电台编播数字化、自动化。完整的数字音频工作站软件目前是以 Windows 操作系统为工作平台，在数据库管理软件的支持下，分成若干软件模块的形式提供给用户使用。相关软件模块之间通过共享数据库和音频文件方式协同工作，应用软件模块的设置可以根据电台的工作需要进行扩充，是一个开放式的软件系统。

（二）数字音频工作站的分类

（1）按组成方式不同，数字音频工作站分为以计算机为核心的数字工作站和专门的数字音频工作站。

以计算机为核心的数字音频工作站，主要是以一台计算机为主要设备，辅以其他如拾音、调音、放音、监听等硬件设备和处理软件所组成的一个完整系统的工作站。

专门的数字音频工作站是集硬盘录音、文件存储、文件编辑、效果添加、信息交换、节目输出、编辑状态为一体的集成化系统，具有功能强大、操作方便等特点。专门的系统不单单只是一个鼠标和一个 QWERTY 键盘，而是通过为此目的而设计的一个专门接口来实现用户对系统的控制，这样可以使相应的设备设计更加符合人体工学要求。它可以通过触摸屏和专门的控制器实现各种功能的控制，其中也用到了连续可调的旋转和推拉式控制器。目前将较便宜的专用编辑系统通过一个接口连接到主计算机上，以便进行更全面的显示和控制功能的做法也是十分普遍的

（2）按照工作方式的不同，数字音频工作站可以分为分布式数字音频工作站和集中式数字音频工作站。

分布式数字音频工作站是一种专为广播电台开发的音频工作站系统。从原理上讲，它与其他类型的数字音频工作站没有本质的区别，依然是数字音频技术与计算机技术相结合的产物，但是，它在具体的技术应用和设备的构成方式上，却更多地考虑了广播电台的实际运行方式。从广播节目录制、播出的特点出发，充分发挥了计算机网络技术的优势，形成了适合广播特点的多用户网络音频工作站系统。

集中式数字音频工作站是一个多用户计算机系统，它由具有存放音频资料的大容量硬磁盘系统的主机和各用户终端组成。系统可供许多用户同时使用，而且所有用户可以对同一音频资料进行编辑、传送和监听等。该系统由一个中央主机，通过串行线路

或以太网与用户终端或工作站相连，放音和录音时的音频信号是通过音频线路传送的。该系统包括音频信号接口单元（AIU）、数字信号处理单元（DPU）、由两个小型计算机系统接口（SCSD）控制的存放音频资料的硬盘系统和另一个 SCSI 控制的存放系统软件数据的硬盘系统、接口电路及用户终端组成。

（三）数字音频工作站的优势

数字音频广播将是广播事业发展的必然方向，数字化和网络化成为当今广播事业发展的趋势，数字音频工作站系统实现了广播电台从节目录制、编辑、存储到播出的一体化和自动化，是今后实现数字音频广播的必然过程。

（1）音效处理质量高。数字音频工作站把音频信号变成了计算机文件，它可以在数字状态下对音频信号进行均衡、限幅、压缩、延时、混响等特技处理，在不改变音调的同时对声音进行压缩、扩展，而以上各种处理都是在数字状态下对音频信号进行处理，不用频繁的数模或模数转换，这样就最大限度地减少了干扰和失真，确保了音频信号的质量。而且数字化的音频文件经过无数次的复制、传输、存储、编辑、播放后，其信号不会有任何损失，声音质量不会有任何影响，这比传统的卡座、MD 要优越得多。

（2）多种功能集成于一体。数字音频工作站实际上就是以微型计算机为基础的具有非线性编辑功能的数字多声轨录音机，因此它可以提供配音、编辑、录音、调音和混合等音响制作所需的全部功能，而且比传统音响制作更直观、更精确、更有效，减少了音响制作系统设备的数量，降低了系统连接和操作的复杂性，提高了系统的稳定性，节约了设备配置经费，减少了人员和场地的投入。

（3）编辑操作灵活方便。数字音频工作站能以网络化的形式实现资源共享，在服务器中存储大量音频数据，任何一位制作人员可根据需要随时获取自己所需的声音素材。同时，由于数字音频工作站具备非线性编辑特性，使得编辑操作更为灵活方便。传统的磁带录音方式是按时间顺序将音频信号记录在磁带上的，编辑时寻找素材也要按线性的顺序进行，不仅寻找编辑点很困难，而且反复搜索又磨损磁带和磁头。使用硬盘的数字音频工作站可以跳跃式地立即找到所需素材，编辑时不再是复制找到的素材，而只是安排调动声音素材的运行顺序，这样不仅使编辑修改极其方便，且保证了节目质量。因此，数字音频工作站最突出的特点就是非线性编辑特性。另外，对于广播电台来说，数字音频工作站使得节目制作与储存数字化，易于实现节目传送网络化和节目播出自动化，给管理维护带来极大方便，大大提高了工作效率。

第二节　数字电视系统的组成

数字电视系统由信源编码、多路复用、信道编码、调制、传输、接收等部分组成。

数字电视系统的基本架构是：制作—传输—接收。

一、模拟信号与数字信号

模拟信号（Analog Signal）是指在时间和数值上都是连续变化的信号。模拟信号用连续变化的物理量来表示，信号的幅度、频率、相位随时间作连续变化，如正弦波信号、视频信号等。数字信号（Digital Signal）是指在实践和数值上都是离散的信号。数字信号的幅度、频率、相位在时间轴上的变化是离散的，如时钟信号、序列脉冲信号等。模拟信号与数字信号的主要区别就是幅度等参量取值是否离散，两种信号可以通过 A/D 及 D/A 转换电路进行相互转换。

图像和声音信号的最初形式就是模拟信号，由于模拟信号存在保密性差、抗干扰性能弱等本身难以克服的缺点，目前广播电视及通信领域普遍使用数字信号。数字信号的优点有以下三点：

（1）抗干扰能力强、没有噪声积累。在模拟传输系统中，为了提高信噪比，需要在信号传输过程中及时对衰减的传输信号进行放大，信号在传输过程中不可避免地叠加上的噪声也同时被放大。随着传输距离的增加，噪声积累越来越多，以致使传输质量严重恶化。对于数字传输系统，由于数字信号的幅值为有限个离散值，在传输过程中虽然也受到噪声的干扰，但当信噪比恶化到一定程度时，即在适当的距离采用判决再生的方法，再生成没有噪声干扰和原发送端一样的数字信号，这样就可以实现长距离高质量的数据传输。

（2）便于加密处理。信息传输的安全性和保密性越来越重要，数字传输系统对信息的加密处理比模拟传输系统容易得多，目前的数字电视信号普遍采用加密方式传输，用户需要授权后才可以接收。

（3）便于存储、处理和交换。数字传输中的信号形式和计算机所用的信号一致，都是二进制代码，便于用计算机对信号进行存储、处理和交换，可使电视网络的管理、维护实现自动化、智能化。

二、数字电视

数字电视（Digital Television，DTV）是指从电视信号的摄取、节目拍摄、编辑、制作、播出、传输、接收等电视信号处理的全过程都使用数字信号处理技术的电视系统。整个过程中，仅在显示终端（如显像管激励信号）经数/模式转化为负极性图像信号，扬声器功率推动终端经数/模式转换为正弦波音频信号，使显示屏显示高清晰画面，扬声器还原出声音。其他环节不进行数/模或模/数转换。

与模拟电视一样，数字电视也是由内容（节目）、传输和接收三个部分组成。其中，内容泛指电视节目或综合信息业务的采集、制作等；传输是指以通信卫星、地面广播、有线电视等手段将内容从内容提供者那里传送到受众；接收泛指受众利用终端接收产品接收由内容提供者那里发送来的电视节目或综合信息业务数据。当上述三个部分都实现数字化后，用户才能获得真正意义上的由数字电视革命所带来的视听享受与信息服务。显然，目前的电视系统还不能认为是真正意义上的数字电视系统，主要是因为电视接收机还没有完全实现数字化，只能是模拟电视数字化处理，它是对当前的模拟电视接收机进行的多种数字化处理技术，以提高接收图像和伴音的质量并增加功能，但接口部分依然以模拟的视频和音频信号为主。

按照图像清晰度的不同，数字电视分为高清晰度数字电视（High Definition Television，HDTV）和标准清晰度数字电视（Standard Definition Television，SDTV）两个层次。

高清晰度电视属于数字电视清晰度方面的最高标准，国际电联（International Telecommunications Union，ITU）给出的定义“高清晰度电视应是一个透明系统，一个正常视力的观众在距该系统显示屏高度的三倍距离上所看到的图像质量应具有观看原始景物或表演时所得到的印象。”因此，高清晰度数字电视的水平和垂直清晰度是常规电视的两倍左右（1000电视线以上），分辨率最高可达1920×1080，帧速率最高可达60帧／S。同时，画面的宽高比也由过去的4：3改为16：9，以形成亲临电影院的视觉感受。总体来说，高清晰度数字电视的画面质量可达到或接近35ram宽银幕电影的水平。在声音方面，配有多声道家庭影院环绕立体声系统，以增加临场声音效果。

标准清晰度数字电视主要是对应现有电视的清晰度标准，其水平清晰度为500~600电视线，图像质量相当于DVD的水平。由于清晰度的不同，高清晰度数字电视与标准清晰度数字电视在图像处理方面的主要区别仅在于数码率高低不同，在数据流的处理技术方面并无根本性差别。

三、数字电视接收机

这里所说的数字电视接收机是相对于目前接收数字电视节目所用的模拟电视接收机加数字电视机顶盒设备而言的，主要指数字电视一体接收机，所谓“一体机”，就是将数字信号接收、解码与显示融为一体，不再需要数字电视机顶盒。电视系统数字化进程彻底完成及模拟频道关闭后，“一体机”就该称为数字电视接收机或电视接收机。真正意义上的数字电视接收机必须内置数字电视高频头，可以直接接收和解码数字电视节目源。与模拟电视接收机加机顶盒的接收方式相比，数字电视一体接收机集成度高，可以实现全程数字化，省略了不必要的数字／模拟及模拟／数字转换过程，最大限度地保证了图像和伴音信号的质量，是最为理想的收视方式。同时，由于实现了全内置，避免了杂乱的接线，还有节省空间、使用方便等优点。

四、数字电视节目

数字电视节目可从节目内容、技术角度和用户角度来解释。

从用户收视角度解释，用户采用数字电视接收机收看的节目，方为真正意义上的数字电视节目；按节目内容来源划分，数字电视节目可以是传统的电视节目，也可以是电影经过影视转换的电视节目；从技术角度解释，数字电视节目可以是利用全数字化制作环境拍摄、编辑和存储的电视节目，也可以是库存的资料片经数字化处理所制成的电视节目。

五、条件接收

条件接收（conditional Access，CA）是提供对数字电视用户业务进行授权和认证的一种技术手段，通俗地讲，是对视频、音频和数据等信息实施加密、解密、接收的控制技术。CA是实现容许被授权的用户使用某一业务，而未经授权的用户不能使用某一业务的系统技术，能够对数字电视业务按时间、频道和节目进行有效的控制和管理。数字电视一般采用机顶盒＋智能卡的方式实现用户端对数字电视节目的条件接收。采用条件接收技术可建立有效的收费体系，从而保障节目提供商和运营商的利益。

第三节　数字电视优点与发展概况

一、数字电视优点

数字电视优点与模拟电视相比，数字电视有以下优点：

（1）电视节目制作技术的革新，提高了节目源的质量。在全数字化的电视节目制作环境中，数字摄像机可以获取更高质量的图像信号，数字化的非线性编辑系统可以在不降低素材质量的前提下进行多次编辑合成，数字特技系统可以随意产生高质量的特技效果，数字调音台可以对声音效果进行随心所欲的艺术和技术处理而不降低原始的声音信号质量，从源头上提高电视节目的技术和艺术指标。

（2）传输的图像和声音质量高。模拟电视系统在电视信号的传输和处理过程中易出现亮色串扰、两个色差分量互相串扰、信噪比劣化、微分增益和微分相位失真等问题，而且这些问题对图像带来的损伤还是累积的。这就大大降低了图像和声音的传输质量。数字电视信号在传输过程中引入的噪声只要不超过额定的数值，就不影响信号的还原。如果噪声的幅度超过了额定值而造成了误码，也可以通过信道编码和信道解码的纠错技术把误码纠正回来。所以数字电视系统在信号传输过程中可以基本上保持信噪比不变，观众从接收端看到的图像及听到的声音质量非常接近演播室水平。同时，数字编码和复用技术还能提供多声道的环绕立体声伴音效果。

（3）终端多功能化。模拟电视只能提供传统的电视节目，且一般只能单向传输。

数字电视除了能够接收传统的电视节目外，还能接收图文信息，如天气预报、财经信息、交通运输服务等增值服务；数字电视可以实现双向传输，通过双向互动功能可以实现节目点播、电视购物、远程医疗、远程学习、游戏等多种功能，使家庭的电视接收机真正成为一个多功能的多媒体终端；数字处理技术还有利于实现电视网与电信网、计算机网的融合，扩大服务内容，降低网络建设成本。

（4）频谱资源利用率高。利用数字视频压缩技术和多路复用技术，数字电视可以在原有的一个模拟电视频道中传输多路的数字电视节目和其他辅助数据，大大提高了频率资源的利用率，使人们在不增加传输通道带宽的前提下可以看到更多的电视节目，使用更多的增值服务。

（5）信息传输安全性高，易于管理。模拟电视信号相比，数字电视信号可以比较容易地实现加密传输，不仅提高了信息传输的安全性，而且容易实现条件接收，使授权的用户可以解密接收电视信号而没有授权的用户无法接收加密传输的电视节目。采用条件接收技术后，可以建立有效的收费管理体系，保障了节目提供商和运营商的利益，促使广播电视行业的良性发展。

（6）设备集成度高，使用维护方便。数字电视系统设备集成度远高于模拟电视系统，例如非线性编辑系统集成了字幕机、特技机、数字录像机、数字调音台等多种制作设备的功能，不仅降低了配置设备的投入成本，还给使用和维护带来了极大地方便。数字电视接收机使用大规模集成电路，不仅使电视机的体积、重量和功耗大为减小，更重要的是提高了设备的可靠性。

（7）对相关产业的影响。与模拟电视相比，数字电视在内容（节目）、传输和接收三个环节上所带来的产业革命性影响将更加深刻。首先，在内容方面，传统的模拟电视仅向受众提供电视节目，广告收入构成电视台的产业主体。实现数字化后，电视台除向受众提供电视节目外，还可提供数据广播、交互信息等多媒体数据业务，产业几乎延伸到IT的各个领域；其次，在传输手段上，广播电视的有线、无线网络将与其他通信网络在技术方面趋于融合，数字化后所带来的双向传送、移动便携接收、区域联网、频道增容等优势将使有线、无线网络在产业化方面大有可为；第三，在接收终端方面，伴随数字电视新业务的兴起，SDTV

接收机、HDTV 接收机、多功能机顶盒等一大批新型信息家电产品将应运而生，从而为制造业带来空前的市场和产业机遇。

总之，数字电视是数字技术在电视领域发展和应用的必然结果，它具有双向互动、抗干扰能力强、频率资源利用率高等数字信号的所有优点。数字电视的应用将为人们提供更加适合人类自然视域的画面结构、优质的电视图像和更多形式的电视服务，可以实现视频点播、远程教育、金融、购物等双向互动增值服务。因此，数字电视将对相关的工业技术领域产生深远的影响，因而发达国家均把数字电视看作是对人类社会信息发展具有极其重要意义的“战略技术”。我国的数字电视发展也很快，数字电视作为一种产业，其发展蕴涵着无限的商机，是我国 21 世纪国民经济新的增长点之一。

二、国内外数字电视发展概况

(一) 欧洲

1995 年，欧洲 150 个组织合作开发数字视频广播（Digital Video Broadcast，DVB）项目，并成立了 DVB 联盟。DVB 联盟是一个由 30 多个国家的 230 多个成员组成的国际机构。该机构的首要目标是在全球范围内发展和推广共同的数字电视广播标准。DVB 联盟共同制定了数字电视的 DVB 标准。这是一套有关电视广播系统大家庭诸多要素的统一标准，其中最引人瞩目的是 DVB 数字卫星和有线电视传输系统的标准。这些标准已作为世界统一的标准被大多数国家接受，包括中国。DVB 标准规定数字电视系统使用统一的 MPEG-2 压缩方法和 MPEG-2 传输流及复用方法。

1997 年，欧洲第一批数字电视服务在法国开始试验，在 2002 年，法国的数字电视运营商——Television Par Satellite（TPS）

已经有超过110万的订户，竞争对手Canal Plus也推出了同样的互动服务，可以提供欧洲10个国家多达300万的卫星和有线电视订户。整个法国人口的30%已经订阅了数字电视服务。

1998年10月，第一个地面数字电视BBC的On Digital在英国开播，建立了名为Open的互动电视平台。同年11月，英国BskyB开播卫星数字电视，有140个频道，并于2001年9月关闭其卫星模拟电视。共售出卫星数字电视机顶盒550万个，加上有线电视转播，共有1192万用户。

从1996年开始，欧洲数字电视市场无论从订户数量、还是产值上都有相当高的增长率。1997年底数字电视用户数只有200万；在许多欧盟成员中，数字电视用户的数量相对还很低，只有4.4%的电视家庭能收看数字电视。到1999年中，欧洲数字电视有了快速发展，其中英国和瑞典既有卫星和有线数字电视，又有地面数字电视；15个欧盟国家中，除比利时和卢森堡外其余13个国家都有卫星数字电视广播（在1998年12月是11个），而除芬兰、希腊、爱尔兰、卢森堡、葡萄牙外，其余10个国家都有有线数字电视广播。在卫星数字电视方面，卫星电视广播的数字化已接近100%，几乎所有的欧洲卫星电视频道都是按DVB-S标准广播。有线电视数字化自1997年末以来取得重大进展，到1999年6月近5000万有线终端升级为数字传输（占有线接通家庭的65%，1997年是50%）。欧洲数字电视频道增加得非常快，达到每年新增100个数字频道，到1999年末欧盟已有约400个数字电视频道。数字电视频道主要是16：9格式数字电视，准视频点播（Near Video On Demand，NVOD）节目，同时有许多节目分类频道（如电影、体育、纪录片、家庭购物等）。电子节目指南（Electronic Program Guide，EPG）、电子商务、电视银行、信息和新闻、游戏、电视电子邮件、电视互联网接入和交互电视等业务得到了广泛的应用。俄罗斯近年来也一直在积极地研制、规划和筹办数字电视和数字广播。为了与欧洲地区各国开办和发展数字电视的有关协议、规划、标准等相衔接，俄罗斯决定采用欧洲的DVB-T系统，并实施从模拟电视向数字电视过渡的一套分三个阶段、共长达15年的发展战略。

2003年8月4日，德国的柏林和布兰登堡宣布彻底关闭模拟电视信号，这是欧洲第一个彻底关闭模拟电视播出的地区。欧洲其他国家规定的模拟信号终止播出期限在时间安排上也不相一致。如英国、德国和瑞士，在2005—2010年期间基本实现过渡；其他国家大多计划在2010—2015年实现过渡。欧洲有关组织通过的欧洲各国向数字广播过渡的工作计划，计划到2020年前完成。

（二）北美地区

与欧洲和日本相比，美国对高清晰度数字电视（HDTV）的研究起步较晚，但是由于它在发展数字电视接收机方面占有优势，特别是1993年成立的数字HDTV大联盟，使得它现在在HDTV的发展中具有举足轻重的作用。1994年2月，该联盟推出了数字HDTV大联盟制式，它不但吸取了本国各主要数字HDTV制式的优点，而且从日本和欧洲的研究中得到许多启示，因此标准高，方法灵活。1994年6月底，Direct TV和USSB两个卫星业务的开播，目前主要是Direct TV和Echo Star。Direct TV主要是HBO和DreamWorks and Sports; Echo Star主要是PPV和Discovery的高清晰度电视（HDTV）。1996年12月，美国正式批准了由ATSC委员会制定的主要用于地面广播数字电视的标准。1999年6月，市场有960万家庭订阅卫星DTV广播；到2001年12月，Direct TV用户达到1070万，Echo Star用户达607万，总计1677万（占17%左右的家庭）。

到2001年美国已连接的模拟有线电视用户有6900万，到2001年9月数字有线电视用户达到1370万。根据AT&T的估计，到2001年12月，AT&T的市场占有率为26%。Comcast为15%，Time Warner为14%，Cable Vision、Cox、Showtime和Comcast都开通了HDTV广播，其中Comcast自2000年12月起播出5套HDTV节目。美国的优先互联网业务开展得很快，2002年1月通过了CableModem DOCSIS 2.0标准。北美CableModem数量到2001年底达820万个，2005年达到1760万个。

根据全国广播机构协会（Nation Association of Broadcasdrers，NAB）的统计，到2002年2月6日，在美国84个地面电视广播城市和地区，已有244个数字电视台正式播出，数字电视覆盖率已达75%。根据全球最大消费电子产品交易会（constumer ElectronicsShow，CES）的统计和估计，美国数字电视接收机的销售呈稳定增长趋势。按照时间表，在1999年5月1日以前，美国10个最大城市，包括纽约、华盛顿、芝加哥等的40多家电视台将播放数字电视节目，覆盖面占美国电视观众的比例为30%。在1999年的11月1日前，开播数字电视节目的电视台数量将达160家，城市的数量将达30个，覆盖面占美国电视观众的比例为53%。2002年，全美160多家电视台全部开播全部节目。在这一期间，美国数字电视广播和模拟电视广播同时播放，2006年全美停止模拟电视的广播。

(三) 亚太地区

1. 日本

日本是数字电视研究与开发起步最早的国家。早在1985年它就建立了1125线、每秒60帧的MUSE（Mobile Universal Service Engine）$JJ式。1988年率先在汉城奥运会进行大屏幕HDTV试播。1989年，日本放送协会（日语罗马字Nippon H6s5 KySkai, NHK）开始进行面向HDTV的广播演示，到1991年底，这种广播每天已定时播放8小时，SONY公司也于1990年底发行了第一盘HDTV录像带。日本的MUSE制式打破了传统电视接收机的生产模式，HDTV广播与传统电视广播并行存在。日本第一台HDTV接收机体积很大，只适合在百货商店或其他公共场合使用。随后各公司也致力于开发体积适中的家用HDTV接收机。由于价格昂贵，当时1台36英寸HDTV机约8000美元，市场推广非常困难。1996年6月日本Perfect TV用通信卫星（Communication Satellite，cs）开始卫星数字电视广播。2000年12月，开始用广播卫星（Broadcasting Satellite，BS）进行广播，共有7套HDTV节目、3套标准清晰度电视（SDTV）节目和7套数据广播。1998年底CS卫星用户为100万；到1999年8月达到160万数字电视用户（约占电视家庭的4%），其中Sky Perfect TV用户为130万，Direct TV用户为30.6万。到2001年12月，Sky Perfect TV用户达到295万，BS Digital用户达到100万。到2003年8月27日，卫星数字电视直接收看用户总数达到717万，通过有线网观看的用户数为246万，到2003年12月1日用户总数已超过1000万。HDTV对推动日本数字电视起到了重要的作用，高清电视机的拥有量已达85万台，加上原来接收MUSE／NTSC的接收机，可接收高清晰度的电视接收机达200万台。

1999年6月，日本MPT开放有线电视行业，使外国投资能够进入日本有线电视。日本的有线数字电视始于1998年7月，到2001年3月已拥有1048万用户，70%的CS卫星用户是通过有线电视收看卫星电视的。日本的地面数字电视广播于2003在东京大阪和横滨开始，在2006年完成全国覆盖，主要是HDTV节目。

2. 韩国

韩国在数字电视方面进展很快，利用2002年韩日世界杯、釜山亚运会期间积极推动数字电视、数字高清晰度电视的应用。

韩国1999年成立数字有线电视研究组，研究在韩国应用和推广数字有线电视的问题。从2001年第四季度在首尔（原汉城）地区开始提供地面数字电视广播，2003年底已覆盖70%的家庭，覆盖了全部人口。截至2002年已经销售了110万台主要接收地面数字电视的用户接收设备。韩国数字电视的地面传输采用美国的ATSC标准。手机与车载设备的数字信号传输标准采用欧洲的DVB.H标准。韩国卫星数字电视于2002年3月由Sky Life公司正式启动。韩国的数字电视是一个多标准并存、以地面传输方式主的平台。

（四）我国数字电视的发展概况

1. 发展历程

我国在数字电视研究领域和科技先进的发达国家相比，尚有一定的差距，但是基本上处在同一个起点。在硬件领域，和国外基本保持同步，国内厂商生产的数字电视接收机已经进入国际市场；同时我国积极制定了具有自主知识产权的数字电视国家标准，避免以往因使用国外标准而支付的大量专利费。

1995年，中央电视台开始利用数字电视系统播出加密频道，利用卫星向有线电视台传送4套加密电视节目，1996年开始通过卫星传输数字电视信号。卫星既能发送模拟信号也能发送数字信号。目前，所有省市的电视台都上了卫星，发送的都是数字信号。1998年9月，我国研制成功第一套数字高清晰度电视系统，成为继美国、欧洲部分国家和日本之后世界上第四个拥有数字高清晰度电视地面广播传输系统的国家。在同年9月8日至12日的5天时间里，中央电视塔利用这套系统试发射了数字电视节目。

从数字电视的发展历程来看，我国数字电视发展大致经历了三个主要阶段：

第一阶段：20世纪90年代至2003年。此阶段数字电视的有线广播国家标准尚未完成，数字电视的产业链还无法形成，不可能进行大规模的数字电视产业化。

在这一阶段，市场的热点在于电视台的设备更新与升级，这是数字电视产业化的先行者。在标准清晰度数字电视（SDTV）制作播出设备大规模进入电视台的同时，高清晰度数字电视（HDTV）作播出设备也开始进入大型电视台。各地有线数字电视广播都处于试验阶段，数字电视用户数量还很少。同时许多企业试图进入有线电视运营业，力求抢占市场先机，争取有线电视用户资源。科研机构和一些企业研制具有自主知识产权的符合数字电视标准要求的关键技术和关键元器件，这些核心技术在以后拥有巨大的市场潜力。

第二阶段：2003—2005年。我国主要城市的有线数字电视产业化开始启动。主要城市中SDTV开始大规模的进入家庭，普通模拟电视也可以通过加装机顶盒来实现数字电视的功能。在一些发达地区，人们开始逐渐接触 HDTV。这一阶段有如下特点：

（1）由于电视台设备更新速度很快，这一阶段电视台设备更新升级的需求依然很大，并且 HDTV 的制作播出设备所占的比例逐渐增加。

（2）有线数字电视在我国的大中城市开始商业化播出，一些发达地区开始播出 HDTV 节目。数字电视完整的产业链正在逐渐形成，数字电视对节目内容、信息服务等的需求使增值业务有了很大的发展，在经过初期的资金推动和政府支持后，内容提供商、服务提供商和网络运营商在数字电视产业中发挥越来越重要的作用。

（3）由于 SDTV 竞争优势以及 HDTV 开始逐渐进入家庭，拥有数字电视产业核心技术的企业开始显现其竞争优势。

第三阶段：2005—2010 年。我国数字电视地面传输标准颁布，主要城市开始逐步

普及数字高清晰度电视的商业播出。城市中 HDTV 成为电视接收机产品消费的主流。这一阶段有如下特点：

（1）我国于 2006 年 8 月颁布了《数字电视地面广播传输系统帧结构、信道编码和调制》的数字电视地面传输标准（部分）。该标准为强制性国家标准，要求在 2007 年 8 月 1 日正式实施。该标准支持高清晰度电视 HDTV、标准清晰度电视 SDTV 和多媒体数据广播等多种业务，满足大范围固定覆盖和移动接收的需要。

（2）在数字电视播出前端，HDTV 制作播出设备所占的比重进一步增加，在一些主要城市成为设备更新的主流，这些地区 HDTV 开始普遍进入家庭。人们对电视的要求进一步提高，拥有数字电视产业核心技术的企业优势突显。

（3）数字电视给广播电视带来了新的活力，在市场经济中又

给广播电视开展增值业务提供了较好的手段。数字电视不仅拉动制造业，促进信息化发展，而且为广播电视的持续发展提供了极大的空间。

2. 我国数字电视发展的主要事件

我国数字电视发展的时间表大致为：2000 年和 2001 年是我国数字电视广播试验年，在北京、上海、深圳三个城市进行数字广播试验；2002 年，具有独立自主知识产权的中国数字电视系统标准最终确定；2003 年在全国更大范围内进行数字电视商业广播试验；2005 年全国四分之一的电视台传输数字电视信号，2010 年我国全面实现数字广播电视；2015 年停止模拟广播电视的播出，数字电视成为我国电视系统主力。

2001 年 4 月苏州有线开始推行数字电视服务，技术平台的提供商为天柏集团。

2004 年 9 月，中央电视台推出了 10 个付费数字电视频道，到当年年底为止全国增至 30 个以上的付费电视频道。例如，中央电视台开播的《孕育》频道，上海东方卫视开通的《法制》频道，山东电视台的《养生》频道，河南电视台的《梨园》频道，辽宁电视台的《智趣》频道、《电子体育》频道、《网络棋牌》频道、《新动漫》频道和《家庭理财》频道等。

截至 2005 年底全国数字电视用户达 413 万户，数字付费电视业务在 2005 年有了较大起色，全国已有 108 套付费电视开播，付费数字电视用户达 139 万户，付费数字电视收入超过 3 亿元。

经过 2004—2006 年全国有线数字电视试点预热，数字电视产业已经从初期阶段发展到全面启动和快速发展阶段，随着试点城市整体转换完成，为全国数字电视产业积累了宝贵的经验，各地区有线网络运营商都在结合自身条件，推进数字电视产业发展。全国各地区相继开展数字电视整体转换工作，数字电视用户增长迅速。2006年国内数字电视用户达到1294.4万户，比2005年增长了275.2%。

进入2007年3月份，全国各地有线电视数字化进程大规模推进。截止到2007年3月底，中国有线数字电视用户数量为1449万户，相比2月底有线数字电视用户数量1361万户，增长了88万户。3月全国新增有线数字电视用户基本集中在西南、华南沿海和西北地区。这三个地区的新增数量已经占到全国新增总量的70%。

2008年，中国数字电视用户市场规模达到5317万户，2009年，中国数字电视用户市场规模达到8326万户。2010年，全国各省、自治区、直辖市播出的地面数字电视全部统一到国家标准上，中央和省级电视台实现数字化，100个城市完成地面数字电视信号覆盖，截止到2010年6月30日，我国各省份及直辖市有线高清数字电视用户规模已达129.8万户，占国内有线数字电视用户总量的1.8%，我国有线高清电视数字电视用户增量规模为76.1万户。

2009年9月，中央电视台一套、北京卫视、东方卫视、江苏卫视、湖南卫视、黑龙江卫视、浙江卫视、广东卫视及深圳卫视9个卫星电视频道正式进行高清晰度和标准清晰度节目同步播出，加上中央电视台原有的高清综合频道、纪实高清频道（原北京电视台奥运高清频道）可同时向观众提供11个高清电视频道，这11个高清频道全部由有线数字网络免费接入，免费收看，这无疑是我国高清电视发展的一个里程碑。同年10月1日，国庆阅兵首次全程高清直播。为了实现更好的效果，庆典转播全程采用全高清制作，这也是中央电视台首次全高清制作的电视转播。

数字电视将带来一场深刻的革命，这不仅仅是技术革命，而且将带来广播电视运营体制管理方式以及用户收听、收看方式的根本性变革，甚至对整个信息产业的发展产生深远影响。

三、数字电视的发展前景和方向

世界通信与信息技术的迅猛发展将引发整个广播电视产业链的变革，数字电视是这一变革中的关键环节。伴随着广播电视的全面数字化，传统的电视媒体将在技术、功能上逐步与信息、通信领域的其他手段相互融合，从而形成全新的、庞大的数字电视产业。这一新兴产业已经引起广泛的关注，各发达国家根据自己的国情，已分别制定出由模拟电视向数字电视过渡的方案和产业目标。数字电视被各国视为新世纪的战略技术。

为了抓住这一千载难逢的发展机遇，各国主要的数字电视开发商和制造商都在全力设计个性化的高性能数字电视产品，其主要特征是：支持多种数字电视标准、大屏幕、高清化、互联网DTV、DTV+PVR、支持更丰富的互联接口。

（1）多标准数字电视。由于目前不少国家和地区仍处于模拟电视与数字电视的转换过渡时期，因此市场上仍然有不少用户希望电视接收机既能接收模拟电视节目又能接收数字电视节目。同时，由于当前已经有DVB、ATSC、ISDB三大比较成熟的数字电视标准，各国还在不断地研发自己的数字电视标准，这就要求数字电视接收系统能支持多种数字电视标准，如同模拟时代的全制式电视接收机一样，方便用户使用。

（2）大屏幕高清晰度数字电视。随着现代人居住环境的不断改善，用户市场对大屏幕数字电视接收机的需求也在不断增长。将来对屏幕尺寸在40～50英寸及其以上的电视接收机有着大量的需求。随着电视节目制作环境的数字化和高清晰度化，高清节目源源不断地增多，高清数字电视（HDTV）越来越成为数字电视的主流，相应的数字电视接收机及机顶盒必须适应这一发展的要求。

（3）互联网数字电视。数字电视的下一个重要发展方向就是与互联网连接，用户使用无线鼠标或无线键盘通过电视接收机来收发电子邮件、在线玩游戏、下载和播放网络视频，也就是说，可以在电视接收机的大屏幕上体验平时在个人电脑上所实现的主营功能。

（4）支持视频记录功能的数字电视接收机。个人视频录像机（Personal video recorder，PVR）也是未来数字电视的下一个重要发展方向，随着数字音视频处理和存储技术的不断发展，PVR 功能将逐步融合到基于传统硬盘或固态硬盘的数字电视接收机中。

（5）支持更多种信号传输接口。数字电视接收机还将支持更多的互联接口，如高清晰度多媒体接口（High Definition Multimedia Interface，HDMI）、USB2.0、SD 卡、MMC 卡、1394 和 wi-Fi 等，以无缝实现与数码相机、数码摄像机、移动硬盘、智能手机、数码打印机等数字设备的连接，共享相互之间的各类信息。

第四节　信源编码与多路复用

一、信源编码的目的

信源编码的目的是压缩数字电视图像的数据量，从而降低信号传输的数码率，减少传输带宽。实现图像数据压缩的理论依据主要基于以下两个方面：

（1）从统计上讲，原始图像数据在空间及时间上的冗余度很大，存在大量无须传送的多余信息。每一帧数字电视图像可看成是由 4 种类型的局部图像结构组成的，即准均匀区、低对比度细节区、高对比度细节区和边缘区。前 3 种类型可用平稳的马尔可夫（Markov）数学模型加以描述，只有最后 1 种类型是非平稳的。前 3 种类型占图像的绝大部分，它们在水平方向的相邻像素之间、垂直方向的相邻行之间的变化一般都很小，存在很强的空间相关性，又称为帧内相关性。另外，电视图像不仅仅是二维空间图像，它具有在时间轴上以场频和帧频为扫描周期的时空型结构。在相邻的场或帧对应像素同存在的相关性，称为时间相关性或帧间相关性。这种相关性与电视图像中物体的运动有关，运动越快，相关性越弱，对大多数像素来说相关性是很强的。曾经对不同类型的 NTSC 彩色广播电视节目进行过测量，在相邻帧之间，亮度信号平均只有 7.5% 的像素有明显变化（帧间差值大于 6/256），色度信号平均只有 0.75% 的像素有明显变化。在信息论中，用“熵”来定量地表述信源的平均信息量的大小。从减少信源的熵出发实现图像数据压缩的信源编码称为信息保持压缩编码。由于它压缩的只是冗余信息而保持了有效信息，所以在客观上不会引入图像失真。

（2）仅采取信息保持压缩编码往往还不能达到所期望的数据压缩率。通过对视觉的生理学、心理学特性的研究发现，允许经过压缩编码的复原图像在客观上存在一定的失真（只要这种失真在主观上是难以觉察的）。基于这种思想实现的压缩编码称为信息非保持压缩编码。它不但要压缩冗余信息，而且还要适当地舍弃掉一些虽非冗余但对视觉不敏感的信息，以获得更大的数据压缩率。在电视图像的 PCM 编码参数选择中，抽样频率是由图像的高频成分决定的；量化等级是由图像的大面积缓变区的要求决定的；场频和帧频是由考虑到画面中景物可能出现的最快运动及人的视觉惰性决定的。然而，对视觉特性的研究表明，人眼对图像细节、幅度变化和图像的运动并非同时具有最高的分辨能力。一方面，视觉对图像的空间分解力和时间分解力的要求具有交换性，当对一方要求较高时，对另一方的要求就较低。根据这个特点，可以采用运动检测自适应技术。对静止的或慢运动的图像降低其时间轴抽样频率（如每两帧传送一帧）；对快速运动的图像降低其空间抽样频率。另一方面，视觉对图像的空间分解力或时间分解力的要求与对幅度分解力的要求也具有交换性。视觉对图像的幅度误差存在一个随图像内容而变的可觉察门限函数，低于门限的幅度误差不被觉察，在图像的空间边缘（轮廓）或时间边缘（景物突变瞬间）附近，可觉察门限比远离边缘处增大 3 ~ 4 倍，这就是视觉掩盖效应。根据这个特点，可以采用边缘检测自适应技术。例如，对于图像的平缓区或正交变换后代表图像低频成分的系数细量化，对图像轮廓附近或正交换后代表图像高频成分的系数粗量化；当由于景物的快速运动而使帧间预测编码码率高于正常值时进行粗量化，反之则进行细量化。在量化中，尽量使每种情况下所产生的幅度误差刚好处于可觉察界限之下，既实现较高的数据压缩率，又使主观评价最优。

数字电视系统中的信源编码联合使用了上述信息保持和信息非保持编码技术。除此之外，还采用了其他一些辅助的数据压缩技术，例如，用少量的定时信号代替复合同步信号，以及降低多余的色度垂直分解力等，实现了 50 倍以上数据压缩率的高效编码。

二、预测编码

预测编码是数字电视信号信源编码的主要方法之一。它是利用图像信号的空间相关性或时间相关性，用已传输的像素对当前的像素进行预测，然后对预测值与真实值的差——预测误差进行编码处理和传输。目前用得较多的是线性预测方法，全称为差值脉冲编码调制（Differential Pulse Code Modulation，DPCM）。

利用帧内相关性（像素间、行间的相关）的 DPCM 称为帧内预测编码。如果对亮度信号和两个色差信号分别进行 DPCM 编码，对亮度信号采用较高的取样率和较多位数编码，对色差信号采用较低的取样率和较少位数编码，构成时分复合信号后再进行 DPCM 编码，这样做使总码率更低。利用帧间相关性（邻近帧的时间相关性）的 DPCM 称为帧间预测编码，因帧间相关性大于帧内相关性，其编码效率更高。若把这两种 DPCM 组合起来，再配上变字长编码技术，能取得较好的压缩效果。DPCM 是图像编码技术中研究得最早，且应用最广的一种方法，它的一个重要的特点是算法简单，易于硬件实现。

编码器一般采用可变字长编码，其目的是进一步压缩数码率。预测器可以是利用空间相关性的帧内预测器，也可以是利用时间相关性的帧间预测器。根据所采用的预测器类型，预测编码也相应地分为帧内预测编码和帧间预测编码。数字电视的信源编码联合使用了帧内预测编码和帧间预测编码，特别是带运动补偿的帧间预测编码，已成为实现数据压缩的主要手段。

预测编码的主要缺点是抗御误码能力差。若传输中产生误码，则由于递归预测算法，对于帧内编码会使误差扩散到图像中一个较大的区域，对于帧间编码全使误差扩散到后续的若干帧中。因此，通常隔一段时间传输一次原始像素的基准值，以终止可能的误码扩散；同时在预测编码后，要加入带纠错保护的信道编码。

三、变换编码

在数字电视信号信源编码中，变换编码是实现图像数据压缩的又一种重要手段。变换编码是指正交变换编码，它将空间域的电视图像信号变换到由正交矢量定义的变换域中，以便去除其空间相关性，并对变换域中的系数采取适当的编码方法，达到数据压缩的目的。

正交变换编码、解码系统的基本结构。考虑到像素间的相关性只在一定的距离内比较显著，并且从减少计算量和存储量出发，在变换编码中，数字图像首先分割成许多方块。按照MPEG-2视频编码算法，I帧中的方块是由8×8的原始图像素组成的像块，P、B帧中的像块是由8×8的帧间预测差值组成的像块。像块经正交变换后成为由彼此相互独立的系数组成的8×8系数块。图像在空间域中的强相关性，使变换域中各个系数的功率有很大的差别，功率集中于方块的特定部位。另外，这些系数分别对应于不同的空间频率分量，对人的视觉有不同程度的影响。因此，在对变换系数的量化中，可以只保留重要的系数，而将不重要的系数化为零。对保留下的系数，根据其对视觉的重要程度还可采用不同的量化间隔。对量化后的系数进一步通过熵编码（如游程编码和霍夫曼编码），最后完成图像数据压缩的变换编码。在接收端，通过熵解码、反量化和正交反变换，使原始图像得到复原。

四、熵编码

熵编码（Entropy Coding）是一类无损编码，因编码后平均码长接近信源的熵而得名。熵编码多用可变字长编码（Variable Length Coding，VLC）实现。其基本思想是对信源中出现概率大的符号赋以短码，对出现概率小的符号赋以长码，从而在统计上获得较短的平均码长。同时，所编的码应是即时可译码。某一个码不会是另一个码的前缀，各个码之间无须附加信息便可自然分开。

五、H.261 标准方案

图像数据压缩技术的研究已有 40 多年的历史。由于近些年大规模、超大规模集成电路技术及计算机技术的迅速发展，尤其是多媒体技术的迅速发展，更进一步促进了图像数据压缩技术的发展和改进。目前，将图像数据压缩到 1 / 50 ~ 1 / 100 已不难实现，并有了定型产品。为了使先进的图像数据压缩技术和高性能的数字图像处理技术获得更广泛的应用，必须对图像压缩编码技术建立一个能在全世界范围内通用的标准规范。不言而喻，只有实现标准化，处理后的数据信号才能在相同特性指标和相同容量的数据网络中传送或存储设备中存储；只有实现标准化，世界各国设备生产厂家的产品才具有兼容性或通用性；只有实现标准化，才能投入大批量开发生产，大幅度降低产品成本，才能使图像数据压缩技术得到迅速的应用和推广。

基于上述原因，从 1980 年开始，几个世界性的标准化委员会协同工作，先后建立了旨在实现图像压缩编码技术标准化的国际组织，其中包括国际标准化组织（ISO）、国际电话电报咨询委员会（CCITT）、国际电工委员会（IEC）、联合图片专家组（JPEG）和活动图像专家组（MPEG）等。经过多年的共同努力，目前已完成并通过了多种图像压缩编码标准化方案。

H.261标准，通常称为P×64标准。该标准目标是对全彩色的实时运动视频传输获得高的压缩比，主要用于可视电话和电视会议的声像业务，已于1990年由CCITT完成并通过。JPEG标准，其目标是对静止彩色图片实现数据压缩，主要用于卫星图片的传输与存储，图像文献资料处理与存储，新闻图片、彩色印刷图片的传输与存储等，也可用于活动彩色图像的实时处理。此标准于1991年由JPEG完成并通过。MPEG标准，其目标是对高质量的全彩色活动图像实现压缩标准化，使经过压缩编码和解码复原后的图像质量达到广播电视的质量指标，同时要求对伴随的声音数据进行压缩处理和传输。此标准已于1992年由MPEG完成并通过，目前已有MPEG-1、MPEG-2、MPEG-4、MPEG-7等多种标准方案。

六、JPEG标准方案

彩色图像编码标准化工作是从国际标准化组织（ISO）开始制定的，其目的是用现有的64Kb／s通信网络来传送满足一定要求的标准静止图像数字信号。作为数字压缩的目标，提出把每个彩色像素用1bit的数据表达时，应能获得足够理想的彩色图像质量。而后，该组织又与国际电话电报咨询委员会联合组成了联合图片专家组。在JPEG的努力下，把标准化要求目标转到更广泛的应用领域，例如，彩色传真、彩色印刷及新闻图片等静止图像的传输。

按照JPEG推荐的标准，包括两种运算方式：一种是以离散余弦变换（DCT）为基础的不可逆压缩方式；另一种是以二维差值（预测）脉冲编码（DPCM）为基础的可逆编码方式。

七、MPEG 标准方案

MPEG 标准是在 H.261 标准、JPEG 标准的基础上，由国际标准化组织和国际电工委员会共同组成的活动图像专家组制定并推荐的，以 MPEG 作为标准方案的命名。在 1992 年首先完成了 MPEG–l 标准方案，在 1993 年又初步确定了电视广播演播室图像质量及未来数字高清晰度图像质量的 MPEG–2 标准方案。

（一）MPEG–1 标准方案

上面介绍了用于电视电话与电视会议声像压缩的 H.261 标准和主要用于静止图像数据压缩的 JPEG 标准。随着数字技术与计算机技术的发展，更迫切需要把计算机系统与广播电视结合起来建立一个统一的信息网络，包括网络中的各种终端，即称为多媒体网络。为完成这个任务，就必须对图像数据、伴音数据、存储设备和传输网络建立一个世界统一的标准，才能实现广泛的数字信息交流。这个标准既要保证用户广泛认可的声像质量要求、价格适中，又要保证数据量和数码率（位率）能被计算机进行实时处理，并且这些数据还应能在现有的计算机网络和广播电视等信道网络中传输，这就是 MPEG–1 标准应完成的任务。该标准的具体目标主要包括以下几个方面：

（1）在声像质量上必须高于电视电话或电视会议的声像质量，至少应达到 VHS 录像机或 CD—ROM 的放像质量。

（2）压缩后的数据量应能存储在光盘、数字录音带 DAT 或可写磁光盘等媒体中。

（3）压缩后的数据率应当与目前的计算机网络传输码率相匹配，即为 l ~ 1.5Mb / s 范围，并以 1.2Mb / s 为宜，因为这相当于目前的 CD.ROM 和个人计算机（PC）的传输码率。

(4) 在通信网络上该标准应能适应多种通信网络的传输。

(5) 该标准应充分考虑更广泛的使用领域，例如，电子图像出版物、电子图像双向传递、电子图像编辑及双向电子图像通信等。

(二) MPEG-2 标准方案

MPEG-2 标准是 MPEG-1 标准的发展与改进。MPEG-1 压缩后码率为 1.5Mb / s，可以达到家用录像机的正常质量，主要用于 CD—ROM、VCD 光盘等家用图像设备中。而 MPEG-2 标准则用于广播电视领域，达到目前三大制式的广播电视质量，压缩后码率为 4~10Mb / s，即约为 MPEG-1 标准的 4 倍。为了充分发挥设备的利用，MPEG-2 标准可以实现与 MPEG-1 标准的向下兼容，并可用于 DVD 及数字高清晰度电视。

MPEG-2 标准和系统是指如何把视频、声频及数据的基本码流组成一个或多个合于媒体存储或线路传输的单一码流，它可视为 MPEG-1 系统的超级版本而制订的标准。因为 MPEG-1 标准主要是以存储媒体的应用(包括电视广播等)为对象而制订的，故只有节目流(PS)。但 MPEG-2 标准则是以视频和声频的广泛应用(包括电视广播等)为目的而制订的，所以，它除了具有节目流以外还有传输流(TS)。声频和视频等数字信号经过压缩编码各自形成基本码流(ES)，这个基本码流并不能直接存储或传送，还必须送入特设的子系统或称打包器，把基本码流按一定的格式分成段落，并加入特定的标识字符形成打包基本码流(PES)，这个过程对于视频数字信号或声频数字信号的正确解码是必不可少的。打包器是分别对声频或视频进行打包的，故同一个 PES 包中，只有一种信号数据，或是声频数据，或是视频数据。经过打包器形成 PES 包之后，信号分别送入节目流或传输流两个子系统。节目流与 MPEG-1 系统相似，它是把一个或几个具有公用时间基准的 PES 数据流利用时分复用组合成一路单一的码流，它可以像单个的节目码流（包括声频、视频、控制数据等）一样实现同步解码。这种节目流适用于相对误差小的环境，如多媒体存储或系统信息软件处理等。传输流也是把一个或几个 PES 数据流利用时分复用组合成一路单一的码流，但这些 PES 包可以具有公共的时间基准，也可以有几个独立的时间基准。这种传输流有固定的包长（188B），以便于正确解码和处理误差，故适用于误差发生的长距离数据传输和电视广播等环境。

MPEG-3 标准的内容已为 MPEG-2 标准所包容，所以 MPEG-3 标准事实上已不存在了。

（三）MPEG-4 标准方案

尽管 MPEG-1 标准和 MPEG-2 标准已得到广泛应用，但仍需要用于表述、集成和变换声频、视频信息的标准，如在固定的宽带系统及移动通信窄带系统中的应用。MPEG-4 标准的目标是建立一个通用有效的编码方法，对称为声频、视频对象的应用声频、视频数据格式进行编码，这些声频、视频对象可以是自然的，也可以是合成的。使用的工具可以来自已有的标准，如 MPEG-1、MPEG-2、G.723、H.261 和 H.263，这有利于与原格式反向兼容。事实上在关于低码率视频通信编码中，H.263 标准（在 ITU 标准下）与 MPEG-4 标准是兼容与互操作的，也可以采用 MPEG-4 标准专门开发的工具来编码。数字声频、视频信息越来越多，但对声频、视频信息的检索却很困难，目前尽管有许多以文字为基础的搜索浏览器，但要发现声频、视频素材却很困难。信息的内容包括静止图像、图形、声频、活动图像和有关这些元素如何组成多媒体的信息。特殊例子，如脸部描述、个人特征等，希望使用很少的特征就可以对信息进行检索。例如，对于音乐，只要演奏很少几个音符就可以得到与该段音乐有关的系列乐曲；对于图形，只要在屏幕上画很少几条线就可以找到包括该特征的图形、商标等；对于图像，只要定义了色表或纹理，就可以得到一系列相应的对象来组合图像；对于运动，只要给出一组对象和运动位置的描述，就可以得到相应的动画。

MPEG-4 标准化工作始于 1993 年 9 月，初衷是制定一个码率在 64Kb / s 以下的通用的视频编码标准。MPEG-4 标准同样包括三大部分，即系统、声频和视频。1994 年 11 月，IS0 要求这个新的音像编码标准应具有交互性、高倍压缩、通用的可接入性以及高度的灵活性和可扩展性等，应能支持现有标准尚未具有的以下功能：

(1) 基于内容的操作和位流的编辑。

(2) 基于内容的多媒体数据的访问工具。

(3) 基于内容的可分级性。

(4) 自然 / 合成数据的混合编码。

(5) 多个并发数据流的编码。

(6) 改进编码效率。

(7) 极低码率下时轴访问的改进。

(8) 压缩数据在差错环境下的坚韧性。

在拟订 MPEG-4 标准的初期，其主要目标是低码率视像通信，后来发展成为一个更加广泛的多媒体编码标准。MPEG-4 标准已不仅仅是一个低码率的音像编码标准，其数码率已成功地扩展到涵盖从 100Kb / s ~ 10Mb / s 的范围。MPEG-4 标准除了具有广泛的数码率范围外，特别注重于建立一个高度灵活的基于内容的音像环境。在此环境下，用户能按照自己的需求来构造系统。MPEG-4 标准最主要的特性在于它具有交互传输能力和网络的上载及下载能力。为了保证在不同的网络协议下都能运行，MPEG-4 标准特别强调物理网络的独立性。因此 MPEG-4 标准将支持 PSTN、TCP / IP、Internet 以及 ATM 等各种网络协议。为了达到上述广泛的目标，必须进一步提高和改善编码效率，为此，MPEG-4 标准提供了以下新功能：

（1）具有对于称为音像对象的混合媒体数据的高效编码能力。这些混合媒体数据包括视频图像、图形、文本、声频、语言的数据。

（2）用合成的文本组合的混合媒体对象来产生多媒体信息表现的能力。

（3）压缩数据在噪声信道传输中恢复差错的坚韧性。

（4）对任意视频对象进行编码的能力，即不要求分块的编码图像是矩形。每块区域内可以包含特定的图像或感兴趣的视频内容，即视频对象平面（VOP）。

（5）在网络信道传输所提供的适合于特有对象性质的业务质量下，声频、视频对象数据的复用和同步。

（6）在接收端具有进行声频、视频场景的交互能力。

MPEG-4 标准所支持的这些功能使其有广泛的应用，如从交互式移动可视电话、交互式家庭商店、无线可视监控到基于内容的多媒体数据库查询、搜索、索引、检索及互联网上的多媒体表现，以至数字广播、DVD 接收等。一个标准能支持不同的功能和应用，因而其本身是十分复杂的。MPEG-4 标准是表现多媒体的一种工具，而不是编码算法的一种标准。MPEG-4 标准于 1998

年11月正式公布，其基本特征是“基于内容的交互性、高效的压缩性和通用的访问性”。可以预见，MPEG-4标准将成为多媒体通信的可实用技术，正如MPEG-2标准已经成为数字电视的可实用技术一样。

(四) MPEG-7标准简介

ISO MPEG于1996年6月开始草拟图像编码新标准，该新标准称为“多媒体内容描述接口”或“多媒体内容描述界面”，简称MPEG-7标准。MPEG-7标准初见成效在1998年10月，2001年2月形成MPEG委员会最终草案，2001年底形成国际标准。MPEG-7标准的主要目标是对所有不同类型的多媒体信息进行描述，这些描述将与多媒体内容有关。日益增多的信息资源快捷和高效的搜索应是基于内容的。简单地说，MPEG-7标准的显著之处在于它针对不同的对象采取灵活的“描述”。未来MPEG-7标准多媒体信息数据将是可检索的，因此MPEG-7标准实现的关键是建立多媒体数据库和相应搜索引擎之间的接口。MPEG-7标准集中于对多媒体信息描述方法的标准化。必须指出，MPEG-7标准描述方法与基于内容的编码或存储方法之间不存在直接关系，其目的是为人们的社会生活提供更便利的多媒体服务。例如，音像信息的编码方法可以是MPEG-1标准、MPEG-2标准、MPEG-4标准、JPEG标准或任何其他编码方法。没有编码的模拟电影或纸上的图片都能用MPEG-7标准来描述。多媒体信息不仅包括静止的或运动的图像，也包括图像的三维模型、声频和语音，在某些方面甚至包括人的脸部表情和个人特征信息。MPEG-7标准是建立在MPEG-4标准基础上的。MPEG-7标准的可能应用范围包括：

(1) 具有“海洋信息”的数字图书馆。

(2) 多媒体目录、广告检索服务。

(3) 广播 AV 频道的选择。

(4) 多媒体编辑以及网络应用。

(5) 电子贸易等。

总之，MPEG-7 标准不是用于某一特定方面，更确切地说，是用标准校验的原理支持尽可能广泛的应用。

第五节　信道编码与调制技术

概括而论，数字电视信号处理和传输必须解决的关键问题包括两个方面：其一是实现传输的可能性；其二是保证传输的可靠性。通过各种压缩编码方式，消去数据冗余量，大幅度地降低了数码率，实现了信源码率与信道容量相匹配，解决了第一个问题，即实现了传输的可能性。而本节介绍的内容则是解决第二个问题，即保证传输的可靠性。

当数字信号在信道上传输时，由于信号波形选择不合适，信道与系统特性不理想以及内、外杂波的影响等原因，往往使接收到的数字信号不可避免地发生错误 (称为误码)，结果造成信息失真。为了在信噪比一定的前提下，把误码率控制在规定的指标范围之内，首先应合理地选择代表数字信号的波形 (称为码型) 和调制、解调方式，采用频域均衡或时域均衡，使误码率尽可能降低。此外，还应对数字信号进行误码控制编码，使数字信号本身具有自动检错和纠错的能力，将误码影响进一步降低。通常把码型选择及误码控制编码称为信道编码，它建立在数字电路技术与计算机原理基础上，并涉及一系列的数学运算工具。

一、基带传输

经过信源编码后，得到的由一系列二进制数据代表的样值信息，还应进一步用一组有限的离散电脉冲波形来表示，这些离散电脉冲波形称为码型。由于电脉冲信号所占据的频带通常从直流和低频开始，因而称为数字基带信号。在有线信道中，尤其在数字设备之间或传送距离不太远的情况下，可以采用数字基带信号直接传送方式，这种传输方式称为数字信号基带传输；在无线信道和光信道等远距离传输中，数字基带信号必须经过调制，把信号频谱变换到高频载波上进行传送，这种传送方式称为数字信号的调制传输或载波传输。以下主要介绍基带传送方式。

如上所述，数字基带信号是由含有数字信息的电脉冲表示的，不同形式的电脉冲波形（码型）具有不同的频谱结构。合理地选择和设计数字信号的码型，使数字信息的频谱结构变换为适合于给定信道的传输特性，是数字基带传输首先要解决的问题。

在数字设备之间或设备内部的各部件之间用导线连接直接传输数字基带信号是最简单的数字基带信号传输方式。数字基带信号通常含有丰富的低频成分甚至直流成分，同时，电脉冲方波信号又含有高次谐波的频率成分，故数字基带信号本身具有很宽的频谱结构。但是，信道电路中往往存在隔直流电容或耦合变压器，使得基带信号中的低频成分尤其直流成分难于通过；而且，由于传送距离及分布电容的影响，信号高频成分会有很大的衰减。为此，在选择码型时，应考虑尽可能使码型所对应的基带信号的频谱能量相对集中在传输信道允许的较窄的通频带范围之内。有关码型的设计与选择，主要应考虑以下几个方面：

（1）对于传输频带低端受限的信道，例如，信道上有隔直流电容或变压器耦合的情况下，线路传输码型的频谱中不应含有直流成分和低频成分。

（2）应尽量减少基带信号频谱中的高频成分。这不仅可以节省传输频带，提高信道的频谱利用率，还可以减少信号之间的串扰，降低误码率。这里的串扰是指同一电缆内不同线对之间的信号相互干扰，基带信号的高频成分越多，对邻近线对内信号的干扰越严重，产生误码的可能性也就越大，信息传输的可靠性相应要降低。

（3）便于从编码后的基带信号中提取位定时信息。在基带传输系统中，位定时信息（又称定时脉冲信号）是接收端再生原始数据信号时不可缺少的。在某些应用中，位定时信息可以用单独信道与基带信号同时传送，但在远距离传输系统中这很不经济，通常采用从基带信号中直接提取位定时信号的方法，这就要求基带信号本身或经过简单线性变换之后能产生出定位时钟信息。

（4）便于实时监测传输系统的信号传输质量，即应能检测出基带信号码流中错误的信号状态。这又要求基带传输信号本身具有检错能力。对于基带传输系统的使用与维护，这一特点更具有实际意义。

（5）对于某些基带传输码型，当信道中产生单个误码时又会扰乱一段译码过程，结果使译码输出的信息中出现多个错误，这种现象称为误码扩散（或称误码增殖）。当然，要求所设计的码型误码扩散性越小越好。

（6）码型的变换与反变换（或称码型的编码与译码）过程应对任何信源具有透明性，即与信源的统计特性无关。信源的统计特性是指信源产生各种数字信息的概率分布。不同码型的频谱结构与信源的统计特性是有关的。

(7) 码型编码与译码电路的组成应尽量简单。

以上各项是选择传输码型的基本原则，实际选用码型并不要求上述各项同时满足，而是根据实际情况满足其中若干项。

二、信道编码

数字电视的信道也是数字电视信号传输的通道，一般包括地面广播信道、有线电视传输信道和卫星广播信道等几种。由于信道，尤其是无线信道中存在着各种干扰，如多径、衰落等，数据在传输时会造成失真和损失，从而在接收端，有些数据无法恢复，形成误码。为使数据在信道中可靠传输，尽量降低误码率，往往在发送端采用编码技术，在传输数据中以受控的方式引入冗余。而在接收端通过相应的解码，从冗余传输的信息中恢复出由信道损失的数据，从而降低误码率，提高数据在信道中的抗干扰能力。

数字电视常用的信道编码方法有 RS 码、卷积码以及交织等。

(一) RS 码

RS 码是 Reed 和 Solomon 于 1960 年提出来的，是 BCH 码的一种。BCH 码是能够纠正多个错误的纠错码，纠错能力强，构造方便，编译码简单，易于实现。伽罗华 (Galois) 域又称有限域，是指元素个数有限的域，域中元素的个数称为域的阶，通常用 GF (q) 表示 q 阶有限域。至少包含 0 和 1 两种元素的有限个元素之集合称为伽罗华域 GF (q)，且元素个数一定是某一素数的幂，以 GF (2^m) 应用形式最普通，m 为整数。常用的是 GF (2)，即二元域。如果将元素个数按幂次扩展，则有 GF (2^m)，称其为 GF (2)

的 m 次扩域。BCH 码是基于 GF（2）的，RS 码是基于 GF（2^m）的。对于每一扩域，都是由其中的一个非零元素（生成元的所有幂次）加上零元素构成的。

RS 码是一种线性分组循环码，它以长度为 n 的一组符号为一个编码单位或称编码字（code word），组中的 n 个符号是由 k 个欲传送的信息符号按一定的关联关系生成的。由于 n 个符号中还应包含误码保护信息，所以要求 $k<n$，编码形式用（n，k）表示。在数字电视中，一个符号是一个 8bit 的字节，因此总共有 $2^8=256$ 种符号，用十进制表示的符号范围是 0 ~ 255。这 256 种符号组成一个有限域即为伽罗华域 GF（2^8）。一般地说，当有限域是二元域 GF（2）的扩域时用 GF（2^m）表示。在 RS 码中，码字长度 $n=2^n-l$，当 m=8 时，n=255，2–k=2t，则 RS 码可纠正 t 个符号的错误。一个符号的错误可以是指符号中的 1bit 发生了误码，也可以指符号中的若干比特甚至所有比特都发生了误码。这样，当 m=8 时，可纠正连续 8tbit 的误码。可见 RS 码具有很强的纠正随机误码和突发性误码的能力。在 DVB—S 标准中使用的 RS 码为 RS（204，188）其纠错能力为 8B。这种 RS 码信息字节的长度为 l88B，正好是一个传送包的长度，这样可使传送层与 FEC 同步，使系统得到简化。

（二）卷积码

一般地，将系统的（n，k）分组码用于数字通信系统的差错控制时，首先是将原始数据流划分成若干有 k 个符号的段；然后按照所用的编码规则对每个有 k 个符号段增添 r=n–k 个校验符号，以构成有 n 个符号的码字，并将码序列送至信道进行传输。值得一提的是，每个码字中的 r 个校验符号仅是该码字中信息符号的函数，其构成与其他码字无关。但是对卷积码（又称连环码）而言，编码后的数据不具有这种简单的分组结构，卷积码的编码器对原始数据流使用“滑动窗 Vl”的工作方式；并产生一串连续的编码符号流，每个信息符号能影响输出数据流内的有限个相续符号。简单地说，在卷积码的编码器中，任何一段规定时间内产生的 n 个码元，不仅取决于这段时间中的 k 个信息位，还取决于前 N-1 段规定时间内的信息位。也就是说，经过卷积编码后的码序列，其相邻的码字之间具有一定的相关性（这里的相关性及其解相关的意义均与发送端实际信源诸多相关性的性质和意义不同），这就要求在接收端不是所有的码序列都可以作为译码的序列，而要根据相应的状态转移格状图确定可能的码序列。这时，码字中的监督位监督这 N 段时间内的信息。这 N 段时间内的码元数目 N 称为该码的约束长度。所以卷积码的真正定义是一个受特定形式的线性编码规则支配的任意长编码数据序列。不过在实际应用中，都是采取“截短”形式将卷积码分组或终止。如前述的 RS（204，188）是 RS（255，239）的截短码。卷积码同样适用于检错，或既检错又纠错，也特别适合前向纠错。

（三）交织

经过压缩的源编码后的数据信号在调制之前，为保证传输时尽可能地少出差错，通常还要进行增加 RS 码和卷积编码的信道编码，即在信道编码中为数据流添加冗余码，以便在出现传输差错时，接收机有可能进行差错修正。编码方法的差错修正能力，在很大程度上取决于被解码的比特序列中的差错分布。实践证明，尽可能使差错均匀分布是最有利于差错纠正的。因为移动无线电信道的传递函数在频域和时域中的特征是在相对宽的范围内有较好的传输质量，而在相对窄的范围内具有较大的传输衰减和很大的群时延失真而出现信号中断。因此相邻的信息单元（符号）同时出现差错的概率一般来说是很大的，即形成块差错效应，这种块差错不可能或非常难以修正。产生块差错的概率可以在频域和时域中通过传递函数的相关函数来说明：为了得到一个均匀的差错分布，相邻的符号在传输时不仅在时域而且在频域应该这样分布，即当时的传递函数提供一个足够的去相关，也就是说，相邻的信息单元在时域和频域中应尽可能远地相互分开来传送。完成这样的工作即为“交织”。交织并不像 RS 编码那样引入冗余码。

三、调制技术

数字电视信号经压缩的信源编码和增加冗余度的信道编码后，将面临信号的传输。传输目的是最大限度地提高电视覆盖率，根据信道的特点，要进行信道（地面、卫星、电缆）的编码调制后，才能传输。和模拟调制一样，数字调制也有调幅、调频和调相 3 种形式，并派生出多种形式。因此，数字调制与模拟调制相比，从本质上来说没有区别。不过模拟调制是对载波信号的某一（些）参量进行连续调制，在接收端对载波信号的调制参量连续地估值；而数字调制都是用载波信号的某些离散状态来表征所传送的信息，在接收端只对载波信号的离散调制参量进行检测。习惯上将数字信号的 3 种调制称为键控，即在二进制的振幅键控、移频键控和移相键控。

（一）残留边带调制

残留边带调制是一种幅度调制（AM）法，它是在双边带调制的基础上，通过设计适当的输出滤波器，使信号一个边带的频谱成分原则上保留，另一个边带频谱成分只保留小部分（残留）。该调制方法既比双边带节省频谱，又比单边带易于调制。目前，美国 ATSC 数字地面传输采用的是残留边带调制，残留边带调制优点是技术成熟，便于实现，对发射机功放的峰均比要求低；缺点是抗多径和符号间干扰所需的均衡器相当复杂。由于 VSB 抗多径，尤其是动态多径的能力差，迄今为止，ATSC 只将其用于地面传输的固定接收和部分地区的编写接收。

（二）正交幅度调制

正交幅度调制是一种矢量调制，它将输入比特先映射（一般采用格雷码）到一个复平面（星座）上，形成复数调制符号。然后将符号的 I、Q 分量（对应复平面的实部和虚部采用幅度调制，分别对应调制在相互正交（时域正交）的两个载波（cosine 和 sine）上。这样与只作幅度调制相比，其频谱利用率高出 1 倍。由于正交幅度调制，尤其是高纬数的正交幅度调制，抗干扰能力差，接收时需要的信噪比高，故不宜用于条件恶劣的无线信道，而常用于有线信道。

目前，在欧洲 DVB 有线电缆传输标准 DVB—C 中采用 QAM。根据信道质量和传输数据率要求的不同，可采用 16QAM、32QAM、64QAM、128QAM 和 256QAM，分别对应 4bit / 符号、5bit / 符号、6bit / 符号、7bit / 符号和 8bit / 符号。

（三）编码正交频分复用调制（Conded Orthogonal Frequency Multiplexing，COFDM）

正交频分复用调制是一种多载波调制方式。编码正交频分复用调制是首先把经过信道编码后的数据符号分别调制导频域上相互正交的大量子载波上；然后将所有调制后信号叠加（复用），形成OFDM时域符号。由于正交频分复用是采用大量子载波的并行传输，因此，在相等的传输数据率下，OFDM时域符号长度是单载波符号长度的Ⅳ倍。这样其抗符号间干扰（ISI）的能力可显著提高，从而减轻对均衡的要求。

由于OFDM符号是大量相互独立信号的叠加，从统计意义上讲，其幅度近似服从高斯分布，这就造成OFDM信号的峰均功率比高。从而提高了对发射机功放线性度的要求，降低了发射机的功率效率。

目前，欧洲数字电视地面传输标准DVB—T中采用的是COFDM。由于COFDM抗动态多径干扰能力强，使得其既可用于地面传输固定接收，又可以用于便携和移动接收。

（四）格形编码调制（Trellis Code Multiplexing，TCM）

传统的数字传输系统中，发送端的纠错编码与调制电路是两个独立的部分，其接收端的译码和解调也是如此。纠错编码是在码流中增加校验码元，以达到检错或纠错之目的。但是码流比特率的增长会使传输带宽增加，即纠错编码是用频带利用率的降低来换取功率利用率的改善。在限带信道中，为提高频带利用率，不同的编码值可用幅度一相位空间（信号空间）中不同的点来表示。如果不增加信号空间的维数，仅增加信号点的数目，引入冗余度，既不会增加传输带宽，又可利用冗余度进行编码。只要按某种规则安排这些信号点的位置，使它与输入数码呈现某种映射关系，就可达到增加信号点的空间距离的目的。在多电平相位键控（m—PSK）或多电平正交幅度调制（m—QAM）等调制形式的基础上，将编码与调制当作一个整体来设计即为网格编码调制。其优点是不必付出额外的频带和功率即可获得编码增益。

第四章　电视信号的传输

第一节　地面广播电视传输系统

电视信号的传输是通过传输系统实现的。主要包括地面广播电视传输系统、卫星广播电视传输系统及有线广播电视传输系统。

一、地面广播电视系统的特点及组成

地面广播电视系统是指把图像电视信号和伴音电视信号经过发射机调制后由发射天线以电磁波的形式辐射出去，用户可直接利用电视机进行收看的电视系统。它属于开路传输系统，是相对于开路传输的卫星广播电视系统而言的，发射台和转播台建于地面。地面广播电视系统发展最早，应用最普遍，接收技术也最为成熟。它主要的特点是：是一种用于广播的非专用电视系统。由于它一般采用无线电方式进行信号的传输，因此，地面广播系统也可称为无线电视系统或开路电视系统。目前，地面广播电系统主要是广播电视这一单一业务；利用高频电磁波在空中传递信号，无须架设电缆，在覆盖范围内的任何地点都可以接收，较为方便；保密性差，覆盖范围有一定限制，重影和空间杂波辐射引起的各种干扰导致图像质量下降。

在发射端（电视中心或电视台），信号源（通常为摄像机）产生的视频信号，经过放大、校正等处理后送至导播控制室，在这

里选出需要播出的内容并经过必要的艺术和技术处理后再送至图像发射机。图像发射机用来对图像信号进行放大、调制、上变频后经由双工器送至天线上。类似地，伴音信号也要经过放大、校正等处理后送至伴音发射机，经放大、调制和上变频，由双工器送到天线上。双工器用来使高频图像信号和高频伴音信号共用一副天线发射出去，而互不影响。

此外，还有广播电视转播车，可以开到现场进行实况转播。车内的设备与电视台的设备基本相同，得到的电视信号通过微波设备定向转回电视台，经过电视台的编排和切换，再由发射机发送出去。

由于电视信号本身的频带宽达数兆赫，只能用米波或更短的波长发送。对于模拟电视系统，国际上普遍使用 VHF 和 UHF 的指定波段传送。发送电视信号是调幅，发送伴音信号是调频。

地面广播电视系统的接收设备是广播电视接收机（简称电视机）。一部电视接收机主要由放大器、检波器（对伴音来说是鉴频器）、同步扫描电路、显像管、扬声器组成，此外还有电源供给电路。在电视机里，接收到高频电视信号后，经过一系列与发送端对应的相反变换和处理，恢复出原来的图像信号和伴音信号，分别加到电视机中的显像管和扬声器上，从而再现发送端的图像和声音。

二、图像信号与伴音信号的调制

（一）图像信号的调制

为了使广播电视频段内能容纳更多的频道，要尽可能压缩传送一套电视节目所占用的频带宽度。对于电视节目而言，由于图像信号所占用的频带宽度为 6MHz，而伴音信号仅为 15kHz，故一个电视频道所占用的频带宽度主要取决于视频信号（即图像信号）的带宽。因此，在世界各国的地面广播电视体制中，视频图像信号对射频载波都采用了频带较窄的幅度调制方式。

由于调幅波有上下两个边带，因此，视频信号双边带调幅波的带宽将达到 12MHz，加上伴音信号后将会使一个频道所占的带宽更大。这样，不仅在一定频段内能容纳的电视节目数量受到很大限制，而且宽频带信号还会使有关设备变得复杂昂贵。一步压缩已调视频图像信号的频带宽度。

对于双边带调幅波来说，两个边带所携带的信息内容是一样的，故抑制掉一个边带，而仅发送另一边带也可以达到传送信号的目的。但图像信号不适宜采用这种单边带调幅传输，原因有以下几点：

（1）图像信号包含有频率接近于零的成分，要完全滤掉载频附近的一个边带在技术上是很困难的。

（2）单边带传送会引起信号的相位失真，这将会引起电视图像在屏幕上的几何位置发生变化。

（3）对单边带调幅波进行正确检波比较复杂。基于上述考虑，目前电视标准规定图像信号采用残留边带调幅方式传送，即发送一个完整的上边带又保留一小部分下边带。

另外，视频图像信号是一个单极性信号，它有正极性和负极性之分。若图像亮度增加，图像信号的幅度也随之增加，则称为正极性图像信号；反之，若图像亮度减少而图像信号的幅度却随之增加，则称为负极性图像信号。由于这一原因，图像信号对其载波的调幅也可以有两种不同情况：一是用正极性图像信号作为调制信号去调制载波幅度，即正极性调制；二是用负极性图像信号作为调制信号去调制载波幅度，即负极性调制。相比之下负极性调制臂正极性调制有较多的优点：

（1）平均功率小。一般情况下，图像亮的部分总比暗的部分面积大，因而在负极性调制时，调制信号中的低电平要比高电平所占比例大，使调幅信号的平均功率较小。若采用正极性调制，则调制信号中的高电平所占比例将大大增加，因而使其平均功率大幅增加。

（2）效率高。由于发射机功率管的线性范围有限，调幅波峰值部分可能会进入特性曲线的非线性区而造成切割失真，即信号峰值部分被压缩。对于负极性调制来说，同步信号处于调幅波峰值部分，若同步信号被压缩，还可以通过加大同步信号的办法来补偿，因而扩大了调制器调制特性的工作范围。而对于正极性调制来说，图像信号的高亮度部分处于调幅波的峰值位置，这部分信号被压缩将难以恢复出来。因此，负极性调制时所能发出的最大功率可为正极性调制的 1.5 倍。

（3）抗干扰能力强。当外界干扰出现时，一般会在已调波上叠加大幅度的干扰脉冲，对于负极性调制来说，其结果使图像出现黑点干扰；如果是正极性调制，这种干扰则表现为亮点。显然，对于人的视觉来说，黑点干扰不如亮点干扰明显，因而它对图像质量所带来的影响比亮点干扰要小一些。

由于上述原因，我国及世界上很多国家都采用负极性调制。当然负极性调制也有其缺点，例如，大幅度干扰脉冲可能会破坏画面的同步，因此接收机中一般要附加抗干扰电路对大幅度干扰脉冲予以抑制，以保证画面的同步。

（二）伴音信号调制和射频电视信号频谱

我国电视标准规定，伴音信号采取调频方式双边带传送，这是因为：

（1）调频波抗干扰能力强。如前所述，外界干扰脉冲一般叠加在信号的峰值部分。对于调频波来说，峰值部分可以通过限幅的措施加以切割而不影响对信号的正确解调。

（2）由于图像信号已经采取调幅的方式传送，对伴音信号采取调频方式传送，使图像和伴音采用了不同的调制方式，这样可以减少图像和伴音之间的相互干扰。

（3）如前所述，调频波占用频带宽度较大，但电视伴音是音频信号，其上限频率只有20kHz。实际上，当上限频率高到15kHz，已经完全可以满足听觉的需要。因此我国电视伴音取20～15kHz的频率范围，若最大频偏 $\Delta f=\pm 50$kHz，则伴音调频信号的频带宽度为：B=2（50+15）=130kHz。这个宽度相对于视频调幅信号来说还是很小的，因此，不仅可以对伴音信号采取调频方式发送，而且不用考虑残留边带的问题，而用双边带调频方式发送。

伴音信号和图像信号是两个不同的信号，它们有各自的载波和相应的调制方式，但为了保证声音和画面的同步，伴音调频信号和视频调幅信号必须用同一副天线发送，接收时也要用同一副天线接收，所以两个信号的频谱应靠在一起。我国电视标准规定：伴音载频 f_s 比视频载频（也称图像载频）f_c 高6.5MHz。

为了防止图像信号和伴音信号在同一幅天线上产生相互干扰，在电视发射机中采用双工器将图像和声音两路信号组合在一起时，要求伴音调频信号功率远远小于图像调幅信号功率。我国电视标准规定，伴音调频信号的功率为图像调幅功率的1/10。

三、电视频道及频段的划分

电视频道是指用于播送一套电视节目的频率范围，它取决于电视图像信号和伴音信号所占的频带宽度。我国电视标准规定，一个频道的频带宽度为8MHz。

电视频段是指在一定频率范围内的一组电视频道，这类似于无线电广播中长波、中波和短波的划分。根据我国频道划分的规定，在甚高频段（Very High Frequency，VHF）有1～12频道，使用频率从48.5MHz–223MHz，把其中的1～5频道定为l波段，6～12频道定为Ⅲ波段。在特高频（Ultrahigh Frequency，UHF）有13～68频道，使用频率从470MHz～958MHz，把其中的13～24频道叫作Ⅳ波段，25～68频道叫作Ⅴ波段。频道划分表见下表。

表4–1　我国广播电视频道频率划分

波段	频道	频率范围／MHz	图像载频/MHz	伴音载频/MHz
I波段	1	48.5～56.5	49.75	56.25
	2	56.5～64.5	57.75	64.25
	3	64.5～72.5	65.75	72.25
	4	76～84	77.25	83.25
	5	84～92	85.25	91.25
Ⅲ波段	6	167～175	168.25	174.75
	7	175～183	176.25	182.75
	8	183～191	184.25	190.75
	9	191～199	192.25	198.75
	10	199～207	200.25	206.75
	ll	207～215	208.25	214.75
	12	215～223	216.25	222.75

续　表

波段	频道	频率范围 / MHz	图像载频 /MHz	伴音载频 /MHz
Ⅳ波段	13	470 ~ 478	471.25	447.75
	14	478 ~ 486	479.25	485.75
	15	486 ~ 494	487.25	493.75
	16	494 ~ 502	495.25	501.75
	17	502 ~ 510	503.25	509.75
	18	510 ~ 518	511.25	517.75
	19	518 ~ 526	519.25	525.75
	20	52 ~ 534	527.25	533.75
	21	534 ~ 542	535.25	541.75
	22	542 ~ 550	543.25	549.75
	23	550 ~ 558	551.25	557.75
	24	558 ~ 566	559.25	565.75
Ⅴ波段	25	606 ~ 614	607.25	613.75
	26	614 ~ 622	615.25	621.75
	27	622 ~ 630	623.25	629.75
	28	630 ~ 638	631.25	637.75
	29	638 ~ 646	639.25	645.75
	30	646 ~ 654	647.25	653.75
	31	654 ~ 662	655.25	661.75
	32	662 ~ 670	663.25	669.75
	33	670 ~ 678	671.25	677.75
	34	678 ~ 686	679.25	685.75
	35	686 ~ 694	687.25	693.75
	36	694 ~ 702	695.25	701.75
	37	702 ~ 710	703.25	709.75
	38	710 ~ 718	711.25	717.75
	39	718 ~ 726	719.25	725.75
	40	726 ~ 734	727.25	733.75

续 表

波段	频道	频率范围 / MHz	图像载频 /MHz	伴音载频 /MHz
	41	734 ~ 742	735.25	741.75
	42	742 ~ 750	743.25	749.75
	43	750 ~ 758	751.25	757.75
	44	758 ~ 766	759.25	765.75
	45	766 ~ 774	767_25	773.75
	46	774 ~ 782	775.25	781.75
	47	782 ~ 790	783.25	789.75
	48	790 ~ 798	791.25	797.75
	49	798 ~ 806	799.25	805.75
	50	806 ~ 814	807.25	813.75
	51	814 ~ 822	815.25	821.75
	52	822 ~ 838	823.25	829.75
	53	830 ~ 838	831.25	873.75
V波段	54	838 ~ 846	839.25	845.75
	55	846 ~ 884	847.25	853.75
	56	854 ~ 862	855.25	861.75
	57	862 ~ 870	863.25	896.75
	58	870 ~ 878	871.25	877.75
	59	878 ~ 886	879.25	885.75
	60	886 ~ 894	887.25	893.75
	6l	894 ~ 902	895.25	901.75
	62	902 ~ 910	903.25	909.75
	63	910 ~ 918	911.25	917.75
	64	918 ~ 926	919.25	925.75
	65	926 ~ 934	927.25	933.75
	66	934 ~ 942	935.25	941.75
	67	942 ~ 950	943.25	949.75
	68	950 ~ 958	951.25	957.75

在 92 MHz ~ 167 MHz 之间、223 MHz ~ 470 MHz 之间及 566 MHz ~ 606 MHz 之间未安排广播电视频道，这些波段留给其他行业使用。由于有线电视信号以闭路的方式传输，重复利用这些频率范围不会造成电视和其他行业之间信号的相互干扰。所以，有线电视台开发了这些未被广播电视占用的频段，增设了一些新的频道，称为增补频道。我国有线电视增补频道划分如下表。

表 4–2　我国有线电视增补频道划分

续　表

波段	频道	频率范围／MHz	图像载频／MHz	伴音载频／MHz
A1	1	111 ~ 119	112.25	118.75
	2	119 ~ 127	120.25	126.75
	3	127 ~ 135	128.25	134.75
	4	135 ~ 143	136.25	142.75
	5	143 ~ 151	144.25	150.75
	6	151 ~ 159	152.25	158.75
	7	159 ~ 167	160.25	166.75
A2	8	223 ~ 231	224.25	230.75
	9	231 ~ 239	232.25	238.75
	10	239 ~ 247	240.25	246.75
	11	247 ~ 255	248.25	254.75
	12	255 ~ 263	256.25	262.75
	13	263 ~ 271	264.25	270.75
	14	271—279	272.25	278.75
	15	279 ~ 287	280.25	286.75

续 表

波段	频道	频率范围 / MHz	图像载频 / MHz	伴音载频 / MHz
	16	287 ~ 295	288.25	294.75
A3	17	295 ~ 303	296.25	302.75
	18	303 ~ 311	304.25	310.75
	19	311 ~ 319	312.25	318.75
	20	319 ~ 327	320.25	326.75
	21	327 ~ 335	328.25	334.75
	22	335 ~ 343	336–25	342.75
	23	343 ~ 351	344.25	350.75
	24	351 ~ 359	352.25	358.75
	25	359 ~ 367	360.25	366.75
	26	367 ~ 375	368.25	374.75
	27	375 ~ 383	376.25	382.75
	28	383 ~ 09l	384.25	390.75
	29	391 ~ 399	392.25	398.75
	30	399 ~ 407	400.25	406.75
	31	407 ~ 415	408.25	414.75
	32	415 ~ 423	416.25	422.75
	33	423 ~ 431	424.25	430.75
	34	431 ~ 439	432.25	438.75
	35	439 ~ 447	440.25	446.75

第二节　卫星广播电视传输系统

一、卫星广播电视及其特点

卫星广播电视是指将电视信号（包括图像信号和伴音信号）经过一定的处理后发送给地球同步卫星，再由卫星将信号转发给地面的电视信号传输系统。利用卫星传输广播电视节目是卫星应用技术的重大发展，与地面广播电视系统相比，相当于把原来的发射天线提高到了距离地面几万千米的高空，从而带来了以下优点：

（1）覆盖面大。广播卫星位于距地球约35800千米的上空，它居高临下，可以覆盖最大跨度达18000km的区域，一颗卫星就能轻松覆盖我国。且电场分布均匀（服务中心和边缘部分场强仅差3～4dB），提高了电波的利用率。因此，卫星广播电视系统有效地解决了广播电视的超远距离传输问题。

（2）费用低。要达到同样的覆盖面积，建设卫星广播电视系统的投资只是地面中继站投资的几分之一。若地形复杂（如山区），则节约更多，且工作人员大为减少。因此，相对来讲，建造卫星广播电视系统的费用较低。卫星通信系统的造价并不随通信距离的增加而提高，随着设计和工艺的成熟，成本还在不断的降低。

（3）传输电视节目质量高。电视信号从卫星向地面传输，有很长距离位于大气层外，因而受气候影响较小。同时，由于信号自上而下直接到达接收天线，从而不会产生因多径接收而造成的影响。加之卫星电视信号采用宽带恒包络调制方式，因而信噪比较高。

（4）传输容量大。由于卫星电视所占用的频段（微波波段）频率资源丰富，一颗现代通信卫星可携带几十个转发器，可提供几十路电视和成千上万路电话的通信信道。

（5）运用灵活、适应性强。卫星广播电视传输系统不受地理环境条件的限制，可以使条件十分恶劣的地区（如沙漠、海洋等）也能接收到广播电视节目。从通信的角度来说，它不仅能实现陆地上任意两点间的通信，而且能实现船与船、船与岸上、空中与陆地之卫星广播电视系统也存在缺点，主要是卫星转发器的损坏将会使整个系统停止工作。此外，卫星的寿命也比较短，一般只有8~15年。

二、卫星广播电视信号的处理

（一）卫星广播电视频段

卫星广播电视工作在微波波段，其原因如下：

（1）由于微波波段的频率资源丰富，可以容纳更多的频道，而且每个频道的带宽可以比较宽。

（2）微波波段的频率高、波长短，从而使得星载天线及地面天线的尺寸大大减小，天线的增益大大提高。这对减轻卫星重量、降低对卫星发射功率的要求、防止对邻近区域的干扰、节省投资费用等均是十分有利的。

（3）微波穿越大气层及电离层的能力很强，而且它的传输不易受到大气扰动噪声的影响。

（二）卫星广播电视信号的调制

和地面广播电视信号一样，卫星广播电视信号也是经过调制处理而形成的。在地面广播电视系统中，信号采用调幅方式，主要是基于带宽的考虑。至于调幅方式能量利用率低、信号易受杂波干扰的缺陷只能通过加大发射功率的办法来解决。而增大发射功率意味着发射机的体积、重量及耗电量都要大大增加，这对于卫星转发器来说是不现实的。原因是星载设备的体积和重量不可能很大，卫星上太阳能电池的功率也非常有限，加上星载转发器的发射功率过高还会对地面其他无线电系统造成干扰。

信息论中的香农－哈脱莱定律表明，带宽和信号功率可以交换，为了以给定的速率传送信息，如果增加带宽，则发送的信号功率可以减少；相反，如果信号功率较大，则带宽可以压缩。所以，调制过程实际上是实现带宽和信噪比之间互换的一种手段，应该根据不同的具体条件恰当地选用不同的调制方式。因此，卫星广播电视信号采用宽带调制（调频、调相）方式是最为理想的。

三、卫星广播电视系统的基本组成

卫星广播电视系统的基本组成包括主发射站和测控站、广播电视卫星（通信卫星）、地面接收站三部分组成。发射站和测控站的主要任务是将节目制作中心送来的电视信号（图像和伴音信号）经过调制后，上变频为上行微波频率发送给卫星，并负责对通信卫星系统的工作状态进行监测和控制；广播电视卫星则将发射站送来的上行微波信号进行变频和放大，转换成下行微波频率并转发给地面接收站；地面接收站接收来自广播电视卫星的信号，经过低噪声放大，下变频为中频信号，中频信号经过解调后得到基带信号，分别送到音视频处理电路，恢复正常的视频信号和伴音信号。

(一) 上行发射站与测控站

上行发射站有主发射站和移动发射站两种，其主要任务是把节目制作中心送来的信号 (可以是数字电视信号、数字广播或模拟电视信号) 经过调制，上变频和高功率放大，通过定向天线向卫星发射上行 C 波段或 Ku 波段信号；同时也接收由卫星下行转发的微弱的微波信号，监测卫星在空间的位置、姿态及工作状态进行测量，对测量的数据进行分析，根据分析结果对通信卫星进行必要的遥控操作，以保证通信卫星正常工作。

(二) 广播电视卫星及星载设备

星载设备包括转发器、天线、星载电源及控制系统。

控制系统根据接收到的地面测控站的指令，控制广播卫星在空间轨道上位置和姿态，使其正常工作。它接收来自上行发射站的信号，并且向卫星广播电视地面接收站转发下行信号，实质上是一个安装在赤道上空的中继站，其工作原理与地面差转机类似。

转发器由高灵敏度的宽带低噪声放大器、变频器、C 波段和 Ku 波段功率放大器等组成，是完成卫星广播电视的最重要的组成部分，也是决定卫星广播电视质量的关键。转发器有两种形式：一种是中频变换式；另一种是直接变换式。中频变换式是先将接收到的上行频率信号变为中频信号，经中频放大后再转换成下行频率信号，通过天线向地面发射。直接变频式是将接收到的上行频率信号直接变换成下行频率信号，经放大后再向地面发射。直接变换式只经过一次变频变换，因而系统部件少、寄生信号少、可靠性高，因此，用得比较普遍。

星载电源为太阳能电池，太阳能帆板吸收太阳辐射的功率，并转换成电能；由于通信卫星远离大气层，因此不存在阴天没有阳光照射的问题。

（三）地面接收站

卫星电视地面接收站的组成主要由反馈系统、高频头、卫星电视接收机等部分组成。天线接收来自卫星的信号，通过高频头将微弱的电磁波信号进行低噪声放大，并将它变换为频率为950～1450MHz的第一中频信号。第一中频信号经过电缆送到卫星接收机，卫星接收机的选台器从950～1450MHz的输入信号中选出所要接收的某一电视频道的频率，并将它进行二次变频、解调、解码等处理后得到视频信号和伴音信号。

功率分配器的作用是将高频头送来的第一中频信号分为几路供给几台接收机。

地面接收有三种方式。第一种供转播用，它是用较大口径的抛物面天线和专业用高灵敏度卫星电视接收机，把接收到的微弱信号放大、解调后，作为地面发射机或差转机的调制信号。第二种是集体接收形式，它是将卫星电视信号接收下来，把它变成中频（1GHz）或者UHF（FM）信号，再分配给用户，也可以把卫星电视信号解调后，再用与地面广播电视一样的调制方法调制，然后再分配给各用户。第三种是家庭直接接收卫星电视节目，即个体接收形式，它使用小口径抛物面天线，一个一体化馈源高频头，一台卫星电视接收机及普通家用电视机即可。

第三节　有线广播电视传输系统

随着电视技术的迅速发展，有线传输方式以其频带宽、与其他无线电行业互不干扰等优点备受电视台和用户的青睐。目前，有线电视网已成为我国城市电视信号传输的主要形式，并逐步向农村发展。

从传输媒质来分，有线传输系统包括电缆传输网、光缆传输网及其混合传输网。目前，我国电视信号有线传输系统的组成模式是：前端 + 传输干线（电缆传输、光缆传输、微波传输）+ 电缆用户分配系统。

一、电缆传输系统

电缆传输系统是指用电缆传输电视信号的系统。有线电视系统传输电视信号通常采用的是同轴电缆与无线传输方式相比，同轴电缆屏蔽性能好，不易受外界干扰，信号在传输过中的损失较小，因而传输质量较高。同时，同轴电缆允许传输频率范围很宽的电视信号，从而使一条电缆可以传输多套电视节目，并且容易实现双向传输。

（一）同轴电缆的结构和性能

同轴电缆的结构。同轴电缆是由内导体、绝缘体、外导体（屏蔽层）和护套四部分组成。同轴电缆的中心是内导体，内导体包括铜棒、铜管、镀铜铝棒、铝线或者镀铜的钢线等形式。对不需要供电的用户网，采用铜包钢线，而对于需要供电的分配网或主干线则可采用铜包铝线，这样既可以保证电缆的传输特性，又可以满足供电及机械性能的要求。

绝缘介质可以采用聚乙烯、聚丙烯、聚氯乙烯和氟塑料等。常用的绝缘介质是损耗小、工艺性能好的聚乙烯。绝缘形式多种多样，但归纳起来有实心绝缘、半空气绝缘和空气绝缘三种。由于半空气绝缘的形式在电气和机械性能方面都占优势，因而得到普遍使用。

外导体具有双重作用，它既作为传输回路的一根导线，又具有屏蔽作用，外导体通常有金属管状、铝塑复合带纵包搭接、编织网与铝塑复合带纵包组合三种结构，其中编织网与铝塑复合带纵包组合结构具有柔软性好、质量轻和接头可靠等特点，目前被大量使用。

护套为保护电缆之用，一般室外电缆宜使用具有优良耐气候性的黑色聚乙烯，室内用户电缆则宜采用浅色的聚氯乙烯。

同轴电缆的性能主要包括特性阻抗、衰减常数、屏蔽系数、温度系数以及潮气对电缆的影响等。

（1）特性阻抗。特性阻抗是指在同轴电缆终端匹配的情况下，电缆上任何点的电压与电流的比值。它与外导体直径、内导体直径和内、外导体之间的绝缘材料的相对介电常数有关。传输线匹配的条件是终端负载阻抗等于传输线特性阻抗，这样才不产生能量反射。有线电视系统标准特性阻抗为 75Ω。

（2）衰减常数。衰减常数表示单位长度电缆对信号衰减的分贝数。信号在同轴电缆中传输时的衰耗由同轴电缆的内、外导体的损耗和绝缘介质的损耗两部分组成。通常，衰减常数与信号的工作频率的平方成正比，即频率越高，衰减常数越大；频率越低，衰减常数越小。

（3）屏蔽系数。屏蔽系数表示屏蔽作用的大小。电缆的屏蔽性能是一项非常重要的指标。电缆既要防止周围环境中的电磁波对传输信号的干扰，又要防止电缆中所传输的信号向外辐射而干扰其他系统。设被屏蔽空间内某一点电场强度为 E（磁场强度为 H），无屏蔽层时该点的电场强度为 E'（磁场强度为 H'），则屏蔽系数为 E'/E 或 H'/H。

（4）温度系数。温度系数表示温度变化对电缆特性的影响程度。有线电视系统输出口电平发生变化的原因之一就是同轴电缆衰减特性随温度而变化。通常，温度增加，电缆的损耗增加；温度降低，电缆的损耗减少。若这些变化没有得到应有的补偿，则热天会使系统的输出口电平降低，而冷天会使系统的输出口电平升高，从而产生交扰调制。温度系数定义为温度每升高1℃，电缆衰减量变化的百分数。在系统设计时一定要注意温度对系统的影响。消除温度变化对系统影响的措施是采用温度补偿型放大器、自动增益控制放大器或自动斜率控制放大器。

（5）潮气对电缆的影响。潮气对电缆是非常不利的，它会使电缆的损耗急剧加大。抗潮湿是制造铝质铠装电缆的重要原因之一。因为铝质铠装电缆是完全防水的，它能阻止水和水蒸气通过，由于铝质铠装与电介质紧压在一起，即使水通过连接器流入电缆，它仍然不能沿电缆纵向流通。对于地下电缆，潮湿更是一个严重的问题，为了防止潮气侵入，有时地下电缆在外套和屏蔽层之间加一层能够自动密封的封口胶。外套是由超高分子化合物聚乙烯制成的，封口胶能把外套出现的任何小孔密封起来。

（二）电缆传输系统的组成

电缆电视传输系统由信号源、前端设备、电缆传输干线及分配网络组成。

（1）信号源。电缆电视传输系统的信号源包括卫星广播电视信号、地面广播电视信号、微波信号、自办节目及上级电视台传送过来的广播电视信号等。

（2）前端设备。前端设备一般包括电视调节器、频道处理器、电视调制器、多路混合器、多频段放大器，其主要任务是接收、放大和处理各类信号。

电视调节器的主要作用是将射频电视信号（Radio Frequency RF）解调成视频（Video）和音频（Audio）信号，以便对信号做出必要的处理。

频道处理器实际上是一个频率变换器，它可以将射频电视信号从一个频道转换到另一个频道上来。对于地面广播电视信号来说，当地空中场强很大的频道，要转换到另一个频道上再向用户发送，这样，即使空中的强信号直接串入用户接收机，也不会造成重影干扰。

电视调制器的作用与电视解调器相反，它可以将视频和音频信号调制成射频电视信号。对于自办的节目、来自卫星接收机及微波接收机的视频信号和音频信号，都要通过调制器将它们调制成射频信号后方可送入多路混合器。

多路混合器的作用是将多路射频电视信号混合成一路，并使各路信号相互隔离，其目的是在一根电缆中传输多套电视节目。各类放大器的作用是对信号加以必要的放大然后送入混合器进行混合及传输。

总之，对各种信号要按具体情况分别处理后，用一根电缆将它们传送给每个用户。

干线是电视信号传输的总线，它的主要任务是将前端送出的电视信号按要求传送到用户分配网络。干线一般较长，为了弥补传输中的损耗，使用户得到符合要求的信号电平，一般每隔几百米要设置一个干线放大器。同时由于电缆的损耗与信号频率的平方成正比，因此高频道上的损耗要大得多，干线放大器应相应地具有电缆均衡功能（频率补偿），使各频道的电平保持一致。由于电缆传输对信号的衰减较大，所以电缆传输干线一般仅用于传输距离很短的场合。

电缆传输分配网络由分支线、分配线、用户引入线、分支放大器、分配放大器以及分配器、分支器、用户终端盒等组成。由干线传输来的射频信号，通过干线分支器、分配器后，分成几路输出，送往各分支线路。各分支线路的信号再经过分支放大器提升电平后，通过用户分支器、分配器，送到各用户终端盒。

考虑到分配与分支过程及传输过程中的损耗，要在这些线路中接入分配放大器或分支放大器，这些放大器的增益通常为20～30dB。

（三）电缆传输系统的主要特点

电缆传输系统的主要优点是容易安装、使用方便、价格便宜。电缆传输系统的安装不需要特别复杂的技术，无须很高专业知识，一次安装，长期稳定工作。而且目前使用的同轴电缆比较容易购买，价格也很便宜，从而减少了工程造价，也给工程应用带来极大的方便。

电缆传输系统的主要不足是只适合于近距离传输电视信号，当传输距离达到200m左右时，图像质量将会明显下降，特别是色彩变得暗淡，色调有失真感。而且信号频率越高，衰减越大。另外，同轴电缆抗干扰能力也有限，无法应用于强干扰环境。

二、光缆传输系统

由于电缆传输系统存在传输距离短、温度变化对信号的影响较大、频带宽度不够大等弊端。近几年来，人们利用具有全反射特性的光学纤维作为传输媒介，以光波作为载波，可在一条光缆中同时传送很多电视节目。光缆传输以其传输距离远、不受环境温度影响、传输频带宽和信号质量好而备受青睐。

（一）光缆的结构和性能

（1）光缆的结构。光波在光纤中的传输是光缆传输的基础。光纤又称为光导纤维，它由两种不同的玻璃制成。构成中心区的是光密物质，即折射率较高、衰减较低的透明导光材料，称为纤芯。而周围被光疏物质所包围，即折射率较低的包层。纤芯与包层界面对在纤芯中传输的光形成壁垒，将入射光封闭在纤芯内，光就可以在这种波导结构中传输。

为了增加光纤强度，用硅树脂对裸光纤进行一次被覆。为了使用方便，在一次涂层外用尼龙材料进行二次涂敷，并设缓冲层，形成光纤芯线，然后包覆铠装层，植入钢丝拉张线，再加装聚乙烯护套，才能成为可使用的光缆。通常，一根光缆中装有多根光纤。

光缆的结构类型很多，从应用场合可以分为架空光缆、埋地光缆、海底光缆等。从具体的结构形式分为紧结构、松结构和带状结构光缆。紧结构的电缆是将被覆光纤以一定间距胶合成光缆单元，许多光缆单元紧紧围绕高强度元件捆绞在一起而形成高密度多芯光缆，这类结构的光缆很多，其特点是结构紧凑、光纤无活动余地；松结构的光缆，其光纤间距较大，并有一定的活动余地，光缆处于 V 形槽中，有较大的活动范围，并受到骨架的保护，避免受应力和微弯的伤害。此外，光纤不直接受到侧向力的作用，因此有优良的抗张强度和抗冲击性能；带状结构的光缆是一种特殊又极其重要的光缆，它将一定数量的光纤排列制成带状光缆单元，然后再把若干带状单元按照一定方式制成光缆。其特点是空间利用率高，施工中易分支和识别。

(2) 光缆的性能。光缆的主要性能包括衰耗特性、频率特性、温度特性、机械特性等。①衰耗特性。光信号在光纤传输过程中的损耗主要有吸收损耗、散射损耗、弯曲损耗、连接损耗和耦合损耗。而光纤的固有损耗与波长有关。长波长（1.3 μ m）的损耗较小，短波长（0.89m）的损耗较大，即使如此，也远低于同轴电缆的损耗。因此，光纤可传输足够长且有较好的稳定性和可靠性。②频率特性。光缆的传输频带很宽，单一光源单模光纤的传输频带仅受光端机的限制。目前，用于有线电视的光端机已经能在 500MHz 或更高频率范围内基本不需要均衡。③温度特性。光缆光纤的温度特性是指光纤损耗与温度的关系，通常用某一温度范围内每千米光缆对信号的损耗变化量来表示，一般要求这种变化量要尽可能小（如≤ 0.05dB / km），从而保证传输的稳定性。光缆的温度特性，除光纤本身特性外，还必须从光缆的结构设计、材料选用和工艺上加以保证。④机械特性。光缆的机械特性主要包括抗张力强度、抗冲击力、抗弯曲能力、抗扭转能力和耐压扁性能。光缆的机械特性要根据敷设、维护维修以及使用情况而定。如果光缆所受到的力超过了它的规定范围，光缆就会断裂。因此，光缆必须具有抗拉、抗冲击和抗弯曲等特性。

(二) 光缆传输系统的组成

光缆传输系统主要由光发射设备、光传输链路和光接收设备组成，其基本结构组成。

光缆传输系统的发送端要进行电 – 光转换，视频和伴音信号经过混合、调制放大后，由驱动电路对发光二极管进行光调制，或者对前端输出的射频电视信号直接进行光调制，把电信号转换成光信号，在经过光缆传至光接收机。在接收端进行光 – 电转换，由光电检测器件（主要是光电二极管或三极管）将光信号转换为电信号，然后进行放大、分配，或解调还原成视频和伴音信号。

（三）光缆传输系统的主要特点

（1）损耗低。光纤传输信号的传输损耗很小。商品石英光纤现在已经达到的损耗水平是在1.3μm波长0.35Db/km，在1.55μm波长0.20Db/km，这比最好的同轴电缆损耗的百分之一还要低。这意味着通过光纤通信系统可以跨越更大的无中继距离。对于一个长途传输线路来说，由于中继站数目的减少，系统的成本和复杂性可以大大降低。

（2）频带宽。光纤比铜线或电缆有大得多的传输带宽，特别是单模光纤，其工作带宽大于10GHz，若传输数字信号，传输速率可达1.6Gb/s。而电缆工作带宽小于1GHz，传输速率小于400Mb/s。若采用多个光源的波分复用，则带宽更大，这就允许建立超大容量的通信系统。巨大的带宽潜力使单模光纤成为带宽综合业务信息网的首选介质。

（3）抗电磁干扰。由于光缆传输的是光信号，所以它不产生电磁辐射，也不会与其他信号传输线路、闪电和工业电路干扰产生耦合。由于能免除电磁脉冲效应，光纤传输系统还特别适用于军事应用。

（4）原材料成本低。制造光缆比制造电缆要节约大量的铜等贵重金属，相对来说降低了成本。

（5）温度稳定性好，寿命长。与铜线和同轴电缆相比，光纤的温度系数小，其传输特性基本不随温度变化，因此光纤传输系统十分稳定可靠，而且不易老化。

三、微波传输系统

微波一般指波长为1mm～1m（即频率范围为300MHz～300GHz）的电磁波。微波的频率高，方向性很强，用微波传输电视信号是有线传输方式的补充，主要是用于解决那些不易架设缆线地区的电视信号传输问题。

（一）微波及微波传输的特点

（1）微波波段频率资源丰富。微波波段占有的频率范围很宽，所以频率资源非常丰富，用微波传输信号不仅每个频道的带宽可以很宽，还可以多波道传输。

（2）微波可以以细分波束定向传输，提高了发射机的利用效率。微波频率高、波长短，因此就可以像聚光一样用面式天线将微波聚集成一个很细窄的波束，进行定向传输，从而大大提高发射效率。通常，发射功率只需几瓦就够了。

（3）微波传输质量高、性能稳定。微波受工业、闪电、太阳黑子等外部干扰的影响较小，受雨、雪、风等恶劣气候的影响也小，这样，可大大地提高微波的传输质量。

（4）适应性和灵活性强。由于采用无线传输，微波可以用于地形较复杂地区（如河流、山谷等）的信号传输。对一些电缆、光缆难以铺设的区域和分散的小区，在工程造价和难易度方面更显优越性。另外，微波可跳过无居民区，以避免铺设没有经济效益的电缆光缆干线，大大减少费用。

由于微波传输具有上述优点，从而在广播电视信号传输中得到了广泛的应用。它不仅是远距离传送电视信号常用的传输媒质之一，而且是电视现场制作、电视实况转播的转播车和电视中心之间进行信号传输的常用方式。微波传输的主要缺点是波束沿直线传输，遇障碍物将会被阻挡。因此需要增设微波中继（接力）站，以增加微波传输距离。

（二）微波传输系统的组成

如上所述，由于微波是沿直线传输的，障碍物会阻挡微波信号的传输，加之地球本身是球形的，即使两个微波站中间没有高山等障碍物阻挡，天线架在高几十米的铁塔上，传输距离也只有几十千米。因此，远距离的微波传输，必须采用中继（也称接力）的方式。具备调制与解调功能的微波站称为终端站。两个终端站中间以 50km 左右为间距设置中继站。中继站的主要任务是对接收到的微波信号进行放大和转发，不需调制和解调。它既可接收 A 站发送来的微波信号，经放大处理后向 B 站转发；又可接收 B 站发送来的信号，经放大处理后向 A 站转发。

在远距离微波传输系统中，两个终端站间也可设置枢纽站，枢纽站既能进行收发，又能解调和调制；同时，还可以担负多个方向的中继（接力）任务。

第五章　广播电视节目的数字传输与播出

第一节　广播电视节目的数字传输

一、节目传输概述

电视广播将由多角度摄像现场画面音视频信号，通过卫星或地面的专用通信线路把视频信号传送到电视台，经过导演切换控制；或者是录制好的电视节目，再用另外的通信线路传输到发射台，由发射台通过有线或无线信号方式播出，观众通过电视机实现图像和声音的接收、观看。

（1）电视广播的传输形式。电视广播从传输形式可被分为3种类型，即：卫星、有线和地面无线。从其传输技术的特点来看，卫星电视广播覆盖是跨地域的，是覆盖区域最大，受众面最广的一种传输形式。有线电视是20世纪90年代兴起的并被迅速发展的电视广播传输方式，最主要的原因是有线电视解决了城市建筑对电磁波反射的问题，提高了收视质量，而且有线电视相邻频道的应用扩展了频谱资源的利用率，增加了节目数量，极大地满足了经济发展过程中人们对文化娱乐消费的需求。无线电视广播（亦称地面广播）是以上三种广播中最为传统、历史最为悠久的电视广播方式。

（2）不同传输形式的服务对象。由于卫星电视广播是跨地域的覆盖和传输，覆盖区域大、受众面广，绝大部分的卫星电视用户不会试图从卫星电视节目中仅获得本地新闻，这决定了卫星电视的主要服务对象是跨地域或者是国际化。有线电视是通过电缆的传输，针对的是本地域内或者说是城市范围内的固定接收。一般本地的内容通过有线电视的传输，是最为经济的传输方式，由于有足够的频率资源，有线电视有足够条件去收转其他传输形式传输的内容。电视地面广播主要的受众也是针对本地区的，在有线电视普及的经济发达地区，地面广播形式渐渐成为有线电视的一种补充。

（3）电视广播传输的数字化进程。卫星广播在我国已经全部数字化，卫星电视的个人接收的政策还没有放开。有线电视的数字化正在全国开展，我国有关政策规定有线电视必需传送无线电视广播的内容。数字电视地面广播标准 2007 年 8 月 1 日起实施。数字电视技术的应用在经济较为发达的地区较易获得推广，而在我国，这部分地区的有线网络都已得到建设，绝大部分的家庭是通过有线来收看电视。此外，电视移动接收的应用已提出，并逐步被人们关注和接受。

二、广播电视节目传输的技术基础

（一）数字图像传送原理

图像信号是自然界发出的光通过物体反射后、进入人眼睛形成的物理信号，属于模拟信号方式。如果需要对图像信号进行数字化处理、传输和存储，事先必须完成图像信号的光／电转换和模拟／数字转换；由于人的眼睛只能识别模拟物理信号，所以处理完毕后的数字信号还需要还原为模拟图像信号，即完成数字／模拟转换和电／光转换。

图像压缩技术可以在图像不失真或少失真的情况下，降低图像数据传输率、减小占用信道带宽、减少占用数据存储介质空间，是图像信息处理的重要内容。

（二）数字图像传送基本概念

（1）DVB业务。DVB是一种基于信源编码为MPEG-2的数字广播技术，这种技术有三种标准：DVB—S，它多用在卫星转发器上，带宽为2672MHz；DVB—T，它是针对地面广播的；DVB—C它主要用在有线电视上。DVB—C数字视频广播系统的信号通常采用QAM（正交幅相调制）方式进行传送。

（2）比特率和波特率。比特率是指二进制数码流的信息传输速率，单位是：bit / s，简写b / s或bps，它表示每秒传输多少个二进制元素（每一个二进制的元素称为比特）。波特又称调制速率，是针对模拟数据信号传输过程中，从调制解调器输出的调制信号每秒钟载波调制状态改变的数值，单位是s / s，称为波特（baud）率。因此，调制速率也称为波特率。

（3）信源编码。模拟音视频信号要变成数字信号，通常都要通过信源编码和信道编码两个过程才能完成。最常用的信源编码方式是脉冲编码（PCM），它需要经过取样、量化和编码三个过程。经过取样量化以后的样本脉冲信号仍有许多个不同的幅值，将它们直接传输仍会受到噪声、失真等的严重影响，还需要经过编码，变成只有一个确定幅度的一系列脉冲，即所谓数据传输流。

普通模拟电视信号经A / D变换后，其码率为216Mbps，要传送这一码率的数字信号要求带宽为144MHz，为此要进行压缩处理。MPEG—2就是一种压缩式数字编码标准。MPEG—2编码是属于信源编码范畴，它是DVB数字视频广播的音视频信源编码标准。这种信源编码以压缩信源数码率为目的，主要方法是找出各样值的相关特性予以去除，从而达到对音视频数据码率压缩的目的。

（4）数据冗余。上面说过视频信号经过 A / D 变换后，其码率为 216Mbps，传送这一信号的带宽为 144MHz，这样大的数据和信道带宽，带来了存储和传输的难题。实际上，在这些大量的数据中，有一些是带有信息的，而另外一些则几乎不携带什么信息，存在着很大的信息冗余。我们把这些大量数据的总量称为数据量，把携带信息那部分的数据称为信息量，而把不携带信息的那部分数据称为冗余量，在信源编码时，力求去除那些冗余，以提高信号传输与存储的效率。

（5）数据压缩。既然数据中存在信息冗余，就有可能对图像数据量进行压缩，针对数据冗余的类型不同，可以有多种不同的数据压缩方法。常见的专用图像压缩技术有:JPEG、MPEG、H.26I、小波变换等。MPEG-2 标准采取混合编码的方式来去除这些冗余，达到压缩码率的目的。

（6）信道编码。采用合适的调制方式和纠错方法，以提高数据传输效率，降低误码率是信道编码的任务。信道编码的本质是增加通信的可靠性。数字信号在传输中往往由于各种原因，使得在传送的数据流中产生误码，从而使接收端产生图像跳跃、不连续、出现马赛克等现象。所以通过信道编码这一环节，对数码流进行相应的处理，使系统具有一定的纠错能力和抗干扰能力，从而极大地避免码流传送中误码的发生。误码的处理技术有纠错、交织、线性内插等。

（三）数字信号的传输

我们知道，数字信号在时域上是呈离散性的且都只有两种状态1和0，在短距离传送时（100米以下）可采用基带传输，当要进行远距离传输时就要采取载波传输方式了。载波传输系统是把数字信号调制到载波上再送入传输信道中，它同基带传送相比仅是在数字信号的输出端增加一个调制器，在数字输入口前增加一个解调器而其他部分则完全相同。

1. 基带传输系统

在数字传输系统中，信道编码器输出的代码还需经过码型变换，变为适于传输的码型。常用的基带传输码主要有双极性不归零码、单极性不归零码、双极性归零码、单极性归零码、曼彻斯特码等。

在基带传送系统中，通常采用多路复用技术，多路复用是将来自不同信息源的各路信息按某种方式合并为一路，通过同一信道传送给接收端，接收端再按相应方式分离出各路信号送给不同的用户。多路复用的方式有频分复用、时分复用、码分复用、波分复用、时间压缩复用等。更多地使用时分复用技术，所谓时分复用是将各路信号利用同一信道的不同时隙来进行通信，因为时分复用传输时各路信号不在同一时间上传送，不容易产生交调和互调失真，所以时分复用系统的非线性失真指标要求不高。

在时分复用系统中要使用两个主要器件：一是复接器，它的功能是把几路信号按时分复用的原理合成为一个合路数字信号。另一个是分接器，它与复接器功能相反，是把合路信号还原为几个支路的数字信号。把复接器和分接器装在一起称为数字复接设备。数字复接必须解决两个问题：一个是同步，一个是复接。同步由定时系统和码速调节单元组成。定时系统的内部时钟给复接器提供时间基准信号，码速调整单元是把码速不同的各支路调整成与复接器定时信号完全同步的数字信号，复接则是把各支路信号汇接成一路信号。

2. 数字信号的载波传送

当数字信号要进行较长距离的传送时，就要采用载波传送的方式了。数字信号的载波传送与基带传送的主要区别就是增加了调制与解调的环节，是在复接器后增加了一个调制器，在分接器前增加了一个解调器而已。

数字信号只有几个离散值，这就像用数字信号去控制开关选择具有不同参量的振荡一样，为此把数字信号的调制方式称为键控。调制方式有幅度键控（ASK）；有频移键控（FSK）；有相移键控（PSK）。

（1）幅度键控（ASK）。幅度键控可以通过乘法器和开关电路来实现。载波在数字信号 1 或 0 的控制下通或断，在信号为 1 的状态载波接通，此时传输信道上有载波出现；在信号为 0 的状态下，载波被关断，此时传输信道上无载波传送。那么在接收端我们就可以根据载波的有无还原出数字信号的 1 和 0。对于二进制幅度键控信号的频带宽度为二进制基带信号宽度的两倍。

（2）频移键控（FSK）。频移键控是利用两个不同频率 F1 和 F2 的振荡源来代表信号 1 和 0，用数字信号的 1 和 0 去控制两个独立的振荡源交替输出。对二进制的频移键控调制方式，其有效带宽为 B=2xF+2Fb，xF 是二进制基带信号的带宽，也是 FSK 信号的最大频偏。由于数字信号的带宽即 Fb 值大，所以二进制频移键控的信号带宽 B 较大，频带利用率小。在相移键控中，载波相位受数字基带信号的控制，如二进制基带信号为 0 时，载波相位为0，为1时载波相位为 π，载波相位和基带信号有一一对应的关系。

3. 多进制数字调制

上面所讨论的都是二进制数字基带信号的情况。在实际应用中。我们常常用一种称为多进制（如4进制、8进制、16进制等）的基带信号。多进制数字突出的优点：一是多进制数字信号含有更多的信息使频带利用率更高；二是在相同的信息速率下持续时间长，可以提高码元的能量，从而减小由于信道特性引起的码间干扰。由于篇幅的关系，这里只讨论用得最多的一种调制方式：多进制相移键控（MPSK）。

多进制相移键控又称为多相制，因为基带信号有M种不同的状态，所以它的载波相位有M种不同的取值，这些取值一般为等间隔。多相制移键控有绝对移相和相对移相两种，实际中大多采用四相绝对移相键控（4PSK，又称QPSK）。四相制的相位有0、π／2、π、3π／2四种，分别对应四种状态11、01、00、10。

其中第一项是同相分量，第二项称为正交分量，所以QPSK又称为正交相移键控调制。

从上可知，QPSK的频带利用率是相应二进制数字调制的2倍，但这是以牺牲功率利用率为代价的。因为随着进制的增加，各码元之间的距离减小，不利于信号的恢复，特别是受到噪声和干扰时误码率会随之增大。为解决这个问题，我们不得不提高信号功率（即提高信号的信噪比来避免误码率的增大），这就使功率利用率降低了。为此能否有一种方法使频带利用率增加而各码元之间的距离又不太小呢？这就引入了QAM（正交幅度调制）。QAM的特点是各码元之间不仅幅度不同，相位也不同，它属于幅度与相位相结合的调制方式。在QPSK中各码元的幅度相同只是相位不同，所以其平均功率较高，QAM 由于各码元的幅度不同，所以平均功率较小。因此在平均功率相同的情况下，QAM 各码元的电平取值可高于 QPSK 各码元的取值，从而使信噪比得到提高。

（四）数字化传输的优点

1. 频道利用率高

数字压缩技术是将模拟信号经过抽样、量化，变成数字信号，再经取样压缩编码，驱除信号冗余度，以一定的压缩比将信号频带压窄，将其调制到载波上，这样就提高了频谱的利用率。接收则以相反的过程进行接收、解调、解码、数字／模拟转换，视频处理后还原成视频信号。

电视系统一般采用 MPEG-2 压缩传输标准，它可以将速率为 200Mbps 的数字视频信号压缩到 5～15Mbps。在这种标准下，如果对压缩信号采用 64QAM 调制方式，则 CATV 在每个 8MHz 带宽的模拟电视频道内能传送的码率为 37Mbps，扣除 FEC 等因素占用的码率，净速率 >32Mbps。如果每个频道平均速率为 4～2Mbps，则一个 8MHz 模拟电视频道就可同时传输 8～16 套电视节目，l0 个模拟频道就能传输 80～160 套电视节目。由此可知，广播电视数字化后可以成倍甚至成十倍地增加频道的利用率。

2. 接收门限电平低、传输距离远

原广电部 GY／Tl06—1999 标准中提出了有线电视广播系统技术规范，下行模拟传输系统要求载噪比 C／N ≥ 43dB。欧广联（EBU）给出了图像信号的 5 级评分标准，若要达到 4 级以上的良好质量，则要求信噪比 S／N ≥ 36.6dB。在模拟信号的传输中，为防止信号的衰落，必须有 6dB 的衰落储备量，因此模拟调幅微波传输链路中系统设计的载噪比 C／N 必须≥ 49dB。在模拟调频微波传输链路中，由于 S／N 存在 18dB 调频改善系数，所以 C／N ≥ 31dB 就够了。同样的模拟链路，如果采用数字压缩编码方式，中频调制器采用 64QAM 正交幅度调制，在留有 6dB 储备量之后，只需 C／N ≥ 28dB 就能得到 DVD 的图像质量。

若采用 QPSK 相移键控调制，则只需 C／N ≥ 18dB 就可以得到高质量的图像质量。模拟调幅（AM）微波与 64QAM 调制数字微波相比，门限下降了约 20dB；模拟调频（FM）微波与 QPSK 调制数字微波相比，也相差约 10dB。从上述分析不难得出数字微波比模拟微波传输距离远的结论。如果原设计模拟 MMDS 微波传输距离为 40km，在同样的有效发射功率、同样的反馈、同样的路由前提下，采用数字 MMDS 微波传输后，就能轻易地覆盖 100km 以上的距离。

3. 图像质量好，抗干扰能力强

由于采用了数字滤波、数字存储及再生中继技术，排除了噪声和失真积累的影响，改善了图像的信噪比，彻底消除了亮度干扰，接收机的载噪比 C／N 在门限值以上时，几乎可以得到无损伤的还原，即使经过多级中继、转发也不会降低图像质量，因此数字电视传输的图像质量远远高于模拟电视传输的图像质量。

第二节　数字化传输技术研究

一、SDH 技术在电视传输中的应用

（一）SDH 概况

国际电信联盟标准部（ITU—T）的前身国际电报电话咨询委

员会（CCITT）在1988年与美国国家标准化协会（ANSI）的TI委员会达成协议，将美国贝尔通信研究所1985年提出的同步光网络（SONET）概念和标准修订后重新命名为同步数字体系（SDH），称为SDH技术。光纤传输具有传输频带宽、传输容量大、传输损耗低、传输信息不受电磁干扰等优点，用光纤传输的广播电视信号不仅传输质量好且信号稳定，因而光纤已成为传输广播电视信号的新媒介。SDH技术与光纤技术相结合而构成的同步数字传输网是一个融复接、线路传输及交换功能于一体，由统一网管系统管理操作的综合信息网络，可实现网络有效管理、动态网络维护、开业务时的性能监视等功能，有效地提高了网络资源的利用率，满足了广播电视传输网的信息传输和交换的要求，因而SDH技术目前已成为电视领域传输技术方面的发展和应用热点。

（二）SDH技术的基本传输原理

SDH采用的信息结构等级称为同步传送模块STM—N（N=1，4，16，64），最基本的模块为STM—1，四个STM—1同步复用构成STM—4，16个STM—1或四个STM—4同步复用构成STM—16；SDH采用块状的帧结构来承载信息，每帧由纵向9行和横向270×N列字节组成，每个字节含8比特，整个帧结构分成段开销（SOH）区、STM—N净负荷区和管理单元指针（AUPTR）区三个区域。

段开销区主要用于网络的运行、管理、维护及指配以保证信息能够正常灵活的传送，它又分为再生段开销（RSOH）和复用段开销（MSOH）；管理单元指针用来指示净负荷区域内的信息首字节在STM—N帧内的准确位置以便接收时能正确分离净负荷；净负荷区域用于存放真正用于信息业务的比特和少量的用于通道维护管理的通道开销字节。SDH 的帧传输时按由左到右、由上到下的顺序排成串型码流依次传输。

SDH 传输业务信号时各种业务信号要进入 SDH 的帧都要经过映射、定位和复用三个步骤。映射是将各种速率的信号先经过码速调整装入相应的标准容器（C），再加入通道开销（POH）形成虚容器（VC）的过程，帧相位发生偏差称为帧偏移，定位即是将帧偏移信息收进支路单元（TU）或管理单元（AU）的过程，它通过支路单元指针（TUPTR）或管理单元指针（AUPTR）的功能来实现；复用则是将多个低价通道层信号通过码速调整使之进入高价通道或将多个高价通道层信号通过码速调整使之进入复用层的过程。

SDH 网络设备有交换设备，包括配有 SDH 标准光接口和电接口的交换机，传送设备包括终端复用器、分插复用器和数字交叉连接设备及再生器，接入设备包括数字环路载波、光纤环路系统等。其中分插复用器（ADM）是 SDH 网络中应用最广泛的设备，它利用时隙交换实现宽带管理即允许两个 STM—N 信号之间的不同 VC 实现互联，并具有无须分接和终接整体信号即可将各种 G703《数字体系接口物理 / 电气特性》规定的 STM—N 信号接入 STM—M（M>N）内做任何支路的能力。ADM 在环形网中应用时还具有独特的自愈能力，即网络发生故障时无须人为干预就可在极短时间内从失效故障中自动恢复所携带的业务，也就是说使网络具备发现故障的能力并能找到替代路由在时限内重新建立通信线路。

（三）SDH 技术传输电视信号的过程

SDH 技术基本处于 ISO / OSI 的第一层，用来保障比特流传输的正确性。它不具备动态链路建立和交换能力，只拥有静态的电路分插复用和交叉连接能力，即通过操作员发出电路连接指令来建立某个物理通道。电视广播领域的 SDH 网起着公共的物理传输平台的作用，在此平台上一部分带宽用来传输经数字终端设备（CODEC）编解码的电视节目，另一部分用来直接传输用户数据或是传输从 ATM、IP 交换机汇聚来的数据流等。

用 SDH 技术传输广播电视信号必须先对信号进行数字化处理。当压缩所含信息量大的图像时由于要牺牲掉部分图像信息从而导致方块效应；图像压缩编码后每个数码对前后图像都有影响，如果传输中发生误码则接收端还原出来的图像将会受较大影响，即误码扩散问题。

SDH 的传输速率中，34.368Mbps 和 139.264Mbps 是最适合电视图像传输的速率。广播电视节目信号是模拟信号，要先经过编码器变换成数字信号压缩后形成 139.264Mbps 的码率进入到 C4 容器或者压缩后形成 34.368Mbps 的码率进入 C3 容器并最终形成 STM-1。电视节目的视频和音频信号存放在 SDH 的帧结构中的净负荷区域内，SDH 设备的 34Mbps（或 45Mbps）和 139.264Mbps 接口接图像编码器，2Mbps 接口接数据和话音输入设备，转换成 SDH 形式的广播电视信号通过光纤或者微波发射进行传输。信号传到业务站点后经解码器将图像数据信号还原成模拟信号，通过调制器将其变换到相应频道经有线电视网传到用户家中。

我国的彩色电视采用的是 PAL 制式，亮度信号（Y）取样频率为 13.5MHz，色差信号（R—Y，B—Y）的取样频率各为 6.75MHz，Y，R—Y，B—Y 每个取样信号被 8bit 量化，则总的传输码率为 13.5*8+6.75*8+6.75*8 ≈ 216Mbps，对传输速率 2.5Gbps 的 STM—16 而言只能传输 8 路视频信号，因而用 SDH 传输电视信号首先要对其进行压缩编码处理。传输电视信号常用的压缩编码技术有差值脉冲编码调制（DPCM），利用图像数据在空间和时间上的冗余特性用相邻的已知像素或图像块对当前待编码的像素或图像块进行预测然后对预测值和真实值的差值即预测误差进行量化和编码。这种压缩方式算法简单易于实现，缺点是编码压缩比低、对信道噪声及误码敏感、易产生误码扩散等。电视广播信号的传输目前采用这种压缩技术较多，每路电视信号经 DPCM 压缩编码成 70Mbps，两路 70Mbps 信号复合成 140Mbps 进入 STM—1，即每个 STM—1 传输两路 DPCM 压缩的电视信号。除此之外还有 MPEG—2 压缩技术，这是当前电视编解码的标准，电视节目信号可压缩到 1.5 ~ 15Mbps，用 SDH 的 STM—16（2.5Gbps）可传输 300 多套 MPEG—2 压缩的数字电视信号。MPEG—2 的缺点是压缩比较高时信号质量较差，特别是压缩到 2Mbps 以下时图像的马赛克效应非常明显，因而一般常压缩到 8Mbps，复用成 34Mbps 进入 C3 容器最终形成 STM—1。由于 MPEG—2 编解码器价格较高故目前应用较少。

SDH 技术传输电视信号时要求 SDH 网有较好的时钟同步性能和低抖动性能。网络的同步性能差会引起指针调整，指针调整将导致彩色电视信号瞬时变色，而网络的低抖动性能将通过 SDH 网传递给解码器在解码器输出端产生抖动引起信号色彩的变化。目前主要采用比特泄漏技术来减少指针调整的问题，或者在 SDH 信号进入映射器前将时钟信号和数据信号分离使数据信号经过映射器后再和时钟信号合成，但这种方法需对 SDH 设备作较大的改动。消除抖动的有效办法就是选用不引入抖动的 SDH 设备和能容忍抖动的图像编解码器等。SDH 技术主要是为传输话音和数据业务而制定的，对视频业务而言 SDH 技术还存有许多不足之处，有待于今后在实践中不断完善，从而使其更加适合于电视信号的传输。

二、数字图像传输中的误差

通常实时数字图像的传输有几个苛刻的要求：宽的传输频带、小的传输时延和低的误码率。实际的传输网络总会在数据传输中发生误码和数据包丢失，这对解码图像数据有严重的影响。MPEG 压缩算法去掉了活动图像序列中的大部分内在相关性，使编码数据在受到误差影响时容易产生问题，由于空间和时间上的冗余被去掉了，误差对解码序列的质量有严重的影响，单个比特的误码就会在解码序列中引起一大部分空间和时间区域的质量下降。

(一) 误差的产生

网络的传输误差一般有两类：误码和数据包丢失。下面分别讨论其产生的原因。

(1) 误码。误码的产生主要是信道的频率特性和传输所引入的噪声影响的结果，即噪声的存在可能使接收机对输入电平的判决发生错误。误码率的大小取决于传输信道的特性，例如，地面光纤传输系统的设计误码率为 10 ~ 9，实际使用时可能更低。

(2) 数据包丢失。有一些网络 (例如基于 IP 的网络) 不能保证所传输的数据一定到达目的地，所选择的路径，路径上每个节点的处理速度和容量，以及同时传输的其他数据的流量等因素都决定着网络上的时延。如果数据包的时延太大，超过所携带图像信息的解码和显示的时间，将被作为数据包丢失处理。由于阻塞超出网络节点的容量，也可能发生数据包丢失。即使是 ATM 网络，也会发生信元的丢失，一种特定连接的业务质量是在连接建立之初商定的，即在具体应用和用户网络接口（UNI）之间形成一个通信约定，只要用户不突破该约定中的限制，ATM 网络应保证一个最大的信元丢失率。也有一些 ATM 网络并不完全采用这种连接约定管理方式，所以当网络上的数据流量超过交换机的容量时，就会发生信元丢失。ATM 网络正在逐步建立之中，导致各种不同网络和协议的混合，在这类网络中可能保证不了很高的业务质量，所以信元或数据包丢失在所难免。在无线 ATM 网络中，传播条件的变化容易在网络中产生信元丢失率的大范围变化。

（二）误差对编码图像序列的影响

现有的国际图像编码标准有许多相似之处，都是采用运动补偿预测、预测误差的 DCT 变换、量化和变长编码等。以下以 MPEG 为例进行讨论。

（1）编码数据受不同位置误码的影响。MPEG 数据以分层结构组织，发生在不同层的误码对 MPEG 的影响是不同的。序列头。序列头包含图像尺寸、宽高比、图像速率等解码器正确解码所需的重要信息，这些参数中的误码会使解码器无法对序列正确解码；图像头。图像头包含图像编码类型和时间参考信息。如果一个图像头因误码而丢失，解码器要等下一个序列或图像起始码，这样整个图像就丢失了。如果丢的是 P 帧或 I 帧，预测将向前找最接近的 P 帧或 I 帧，这样就会在解码图像中有明显的位移直到下一个 I 帧为止；图像条头。条层中的头信息主要用于错误恢复，即其图像条头是等长编码的，可用来检测条的开始，如果图像条头中发生误码可使整个条不能正确地解码；条数据。一个条中的宏块头、DCT 系数、运动矢量等数据都以不等长码字编码形成一个变长编码比特流，其中的误码可产生几种影响：

若误码将一个有效的不等长码字改变为另一个同样长度的有效不等长码字，解码器检测不出误码的存在，后续不等长码字仍然可正确地解码；若误码将一个有效的不等长码字改变为另一个不同长度的有效不等长码字，解码器检测不出 N—A 上 NNN 存在，将导致与比特流的同步丢失，所以后面可能会发现非法的码字；若误码将一个有效的不等长码字改变为一个非法的码字，与比特流的同步将丢失，解码器能立即发现误码并采取适当的措施。

（2）误差沿空间的传播。误差沿空间的传播有以下几种可能的形式：

解码器与不等长码字的同步丢失，误码之后的 DCT 系数和运动矢量容易出现解码错误。

误码影响到一个帧内编码宏块的直流分量。直流分量采用 DPCM 编码方式，所以直流系数中的误码将导致该条中所有后续直流系数的错误解码。误码影响到一个 P 图像或 B 图像的一个运动矢量。运动矢量采用与前一个编码宏块中运动矢量的差分编码，所以一个运动矢量中的误码将引起后续所有同类运动矢量的错误解码，运动矢量的错误意味着宏块可能从参考图像的一个错误区域进行预测。

一个信元或包的丢失，将会引起解码帧中的几个图像条全部或部分被破坏。

（3）误差沿时间的传播。当解码帧作为其他帧的预测参考帧时，其中的已破坏区域将传播到其他的帧。受原始的误码影响的帧取决于被破坏图像的类型。

对于 I 图像误码，当前图像组中的所有 P 图像都是从开始的

I 图像预测而来，所以可能所有的 P 图像都受到被破坏区域传播的影响，所有位于 I 图像和 P 图像或两幅 P 图像之间的 B 图像同样会以相似的方式受到影响。

对于 P 图像误码，图像组中在有误码的 P 图像之后的 P 图像都由该图像预测而来，所以可能受到该误码的影响，所有使用被破坏的 P 图像预测的 B 图像也会受到影响。

（三）减小误差影响的方法

为了减小传输误差对编码图像的影响，可以采取以下措施。

（1）纠错编码。前向纠错编码（FEC）可成功地用于控制 MPEG–2 编码的数字电视等应用中的误码率，其中误码率的减小是以增加传输带宽为代价的。常用的纠错编码有：奇偶检验、汉明码、循环码、里德—所罗门码（Read—Solomon）、卷积编码、TCM 网格编码等。

（2）误差掩盖。误差掩盖是在发生误码的情况下由解码器来隐藏其影响的方法，可分为 3 种形式：时间掩盖。最简单的掩盖技术是用前面已解码的帧中同一位置的像素值代替丢失或破坏了的区域。解码器必须首先识别出误差的发生，即检测到一个非法的不等长码字，然后用前一图像或前一帧中的数据代替当前条中剩余的数据；空间掩盖。当时间掩盖无效时，空间掩盖也许是一种合适的选择。一个失真的方块可用两个无误差的相邻块的差值代替；运动补偿掩盖。时间掩盖的效果可通过估计丢失方块的运动矢量，而不是简单地假定其为零加以改善。在 P 图像和 B 图像中，可通过对两个无误差的相邻块的运动矢量的差值进行，对于 I 图像或其相邻宏块为帧内编码的宏块则无法实行。

（3）编码参数这种方法就是改变编码比特流本身，使其不易受误差的影响。已有的这类方法很多，以下是有关标准支持的几种方法。

分辨率可调整编码。该方法可用于增加编码比特流的稳健性，通过为每一分辨率层提供不同的业务质量，可在存在传输误差的情况下得到最优化的解码序列质量。

时间定位。在解码的 MPEG–2 序列中，当下一个无误差的帧内编码帧或 I 图像到来时，沿时间的误差将停止。被 I 图像或 P 图像中的误码影响到的帧的平均数目，正比于一对 I 图像之间具有的帧的数目。减少 I 图像之间的时间间隔，即增加 I 图像的比例，将会减少由时间上的误差传播引起的失真。但如果对更多的 I 图像编码，编码效率将大大降低。在 MPEG 标准中，编码器可以选择对特定的条采用帧内编码，这些帧内编码条可以有意地引入到 P 图像和 B 图像中，序列中的误差一般不会传过下一个帧内编码条。帧内编码条比预测编码条需要更多的比特，但这可能是在编码效率和误差恢复能力之间一个可以接受的折中措施。

三、MXF 技术

（一）MXF 的概念

MXF 是一种在服务器、数据流磁带机和数字档案之间交换节目素材的文件格式。其内容可能为完整的节目以及整套广播电视节目或片段。可获得基本的设备用于在片段和音频叠化之间剪辑。片段可按照这种方式组合成为节目。MXF 可自成体系运用，无须外部素材即可保存完整的内容。

不断变化的电视制作和数字服务技术意味着，在演播室内传输节目视频和音频的方式也在改变：不仅大量使用计算机和与 IT 有关的产品，如服务器，而且还依赖于自动化，而素材的再利用也大大增加；除了需要传输元数据，还需要文件传送以适应计算机操作，要适应实时操作，文件还要被码流化。

MXF 把统称为实体的视频、音频和节目数据（如文本）与元数据捆绑在一起，并将它们置于一个包内。其主体基于码流并携带实体和某些元数据。它保存视频帧的一个片段，每个片段辅之以有关的音频和数据实体以及基于帧的元数据。后者一般包含时间码和每个视频帧的文件格式信息。此经过排列或整理的事物也称为交织媒体文件。

主体可基于若干不同类型的素材（实体），包括 MPEG、DV 和非压缩视频／音频，它还使用 SMPTE KLV 数据编码系统，这使之具有成为公认标准的优势。MXF 是一种文件传送格式，有关各方均可以公开获得。它并非压缩方案特有，它简化采用 MPEG 和 DV 以及未来的压缩策略之系统的集成。这意味着这些不同文件的转送将与内容无关，不规定必须采用指定厂商的设备。所需的任何处理都可以通过自动地求助于适当的软件或硬件编解码器来实现。

不过，MXF 设计用于操作用途，因而所有的操作过程对于用户而言都是无缝的。除了提供更好的互操作性，在不同的设备和不同的应用之间处理视频和音频，MXF 另外的贡献是传送元数据。从一开始就把 MXF 作为一种新文件格式来开发，因此对实施和元数据应用加以大量的关注。这不仅对 MXF 文件的恰当运行非常重要，而且还将导致功能强大的新型媒体管理工具的出现。

（二）应用目标

在 1999 年，Pro-MPEG 论坛内开始确立一种在文件服务器和工作站之间交换节目素材的工作。尽管联网和文件传送在广播中已很普遍，但它们主要基于专有格式，这些格式功能可能有局限性并且不能完全互操作。虽然保存了视频和音频，但原数据在很大程度上没有被携带，它被忽略或丢失。

对于用户，新格式的目标应当是：易于理解和应用；开放并在适当时标准化；与压缩无关；可在主要平台操作系统和网络上使用。

MXF 针对专业视频和广播应用，这在一头是把消费者应用排斥在外，在另一头则是把复杂编辑和创作排斥在外。其设计是传输连续节目素材和元数据。典型的应用是正在传输新拍的素材和已完成的节目。由于此目标避免了复杂性及编辑和创作所需的开支，使 MXF 相当简单和有效。不过，其设计宗旨还是与这些领域互操作。因此，Pro-MPEG 和 AAF（高级创作格式）已经并正在继续联合工作以确保其格式兼容。

（三）流式传送和文件传送

传统上，电视广播基于流式视频和音频。在原始的场景画面和观众期望为连续实时视频和音频时，这是合乎逻辑的。PAL 和 NTSC 模拟复合视频、数字 SDI 和 SDTI 全为流动的。但计算机系统是通过文件传送交换数据的。

流式媒体在所有文件被传送前，在传送期间是可见的；实况画面有最少的延迟；不带瓶颈的点对点传送，可靠、连续工作。

联网媒体采用低价、标准的 IT 部件；可以存储在广泛的设备上，如磁盘和磁带；提供灵活的数据交换、共享和分配。

实时流式和文件传送各有优势，今后将继续使用。因此，它们具有某种程度的兼容性从而能共存，并可在其间交换素材，这是有必要的。考虑到这点，MXF 设计成为“能流动”的文件格式，在两种传送之间建立一座无缝的桥梁。从运作上来说，除了要求传送外，没有牵涉到任何工作。因此，可以利用后期制作中 AAF 的灵活性并通过“看不见的”简单文件转换，使 MXF 适用于数据流磁带机或服务器存储器的成品播出。注意，如果压缩方案没有变化，文件转换对视频和音频来说是无损的。

同样，操作和创作人员希望集中注意力于其任务上，不用在压缩问题上费心。但事实上，没有一种压缩格式能适合所有的应用，将会继续使用各种方案。因此，MXF 与压缩无关，不管使用什么压缩都提供相同的服务。这允许厂商提供带多种压缩编解码器的设备，从而可以在如 MPEG 和 DV 等基本系统之间无缝工作。

（四）开放格式的标准化和互操作性

MXF 是一种开放解决方案，因此已经提交到 SMPTE 进行标准化。Pro-MPEG 论坛和 AAF 协会已经得到来自行业跨部门的大力支持。此外，与用户集团如 EBU 等的紧密合作，确保 MXF 包含了用户的需求。同时，许多厂商和软硬件提供商热心于尽快实施 MXF。

Pro-MPEG 和 MXF 的主要目标是实现交互操作性。这已经在三个领域实施。跨平台。它将跨不同网络协议和跨操作系统如 Windows、Mac、DOS、Unix、Linux 工作；与压缩无关。它不在压缩格式间转换；它没有使管理一个环境中一种以上压缩格式更容易。它能处理非压缩视频；流式传送 / 传送连接。MXF 与流式媒体无缝互操作——特别是 SDTI，实现全透明的交换。此性能是双向的，即从 MXF 到流式传送或反之，且意味着 SDTI 易于适应基于文件的环境。这是真正的融合。

(五) MXF 和 AAF

AAF 是一种行业主导的多媒体创作和后期制作的开放标准。它使内容创作者易于跨平台及在应用间交换数据媒体和元数据。它简化事件管理、节约时间及保存过去往往在媒体传送期间丢失的宝贵元数据。

MXF 来源于 AAF 数据模型，是一种简单交换格式，主要为了便利成品内容、完整节目或部分在服务器之间及向数据流磁带机传送。MXF 还有助于播出运作和更简单的制作系统向标准联网环境的迁移。

这两种格式特别互补。而 AAF 与现有媒体文件格式紧密集成，并补充之。MXF 为现有数据流格式及 AAF 文件时也有相同的表现。两种格式可以独立存在，各有为特定的应用领域优化的功能和设计。同时，一种格式不依赖于另一种。例如，一个广播系统可只使用 MXF，而一家后期制作机构只使用 AAF，但一家带后期制作机构的广播业者可能两者都得用。

尽管 MXF 和 AAF 是互补的，但还是有许多差别。其一是 AAF 可能携带保存于异地的外部素材的参考，此参考将被用于编辑，而 MXF 总是完备及可独立使用——无须访问外部素材。此外，AAF 包含基本视频转换处理，而携带完整节目素材的 MXF 却不需要。

四、数字音频信号的传输和交换

在广播电视音频系统中，音频信号的传输、交换和监控十分重要，它直接关系到音频信号的质量、系统的安全性和使用的方便性和灵活性。

早期音频传输系统是通过专用音频线缆传输模拟音频信号，

通过塞孔盘进行信号的交换。后来出现了基于模拟交换技术的模拟音频矩阵，能实现音频信号的自动切换，大大提高了系统的灵活性和控制能力。20世纪90年代，出现了基于数字交换技术的数字音频矩阵。由于数字信号抗干扰能力强，使得音频传输过程中信号损失减到最小。而先进数字信号交换和处理技术的采用，使得数字矩阵能够提供更多的功能，音频传输和交换系统迈上了一个新台阶。

（一）中心交换技术

单路数字音频信号的格式很多，如SPDIF、AES／EBU等。在专业领域最常见的是AES／EBU格式，主要用于音频设备之间的连接。在复杂的音频系统中，往往要同时传输多路音频信号，于是出现了ADAT光纤传输接口、IEEE1394高速串行总线、TDM总线等，目前普遍使用多路音频数字接口（MADI），它能通过75Q同轴电缆或光缆同时传输56路音频信号。

多路音频信号的交换大多采用音频交换矩阵。在这种系统中，音频传输系统以音频交换矩阵为中心，所有的音频信号均通过矩阵的交换和处理后再传输；音频信号的监听和监控也通过矩阵的输入／输出端口来实现。系统的功能和音频交换通道取决于矩阵的功能和配置，如16×16、32×32等，当实际输入／输出信号路数需要扩展时，要相应地扩展矩阵的输入／输出通道。这种系统结构称之为“中心交换系统”。

（二）无中心音频交换技术

随着网络技术的发展，网络传输和交换技术逐渐在音频领域获得应用。尤其是新近出现的网络无中心音频交换技术，它完全不同于以前的矩阵交换系统，而是通过网络交换构成无中心音频交换系统。典型产品为 DigiSpider 公司的 CAS 系列音频传输系统。

网络无中心音频交换技术的最大特点是在普通的以太网上实现多路高质量音频信号的传输，以及音频数据的网上交换。从而使得系统的建设成本大大降低，而安全性和灵活性却大大提高。

在通常的音频工作站系统中，以太网只是作为音频文件的交换或音频压缩数据流的传输介质。通常将音频文件的交换和网上回放称为非实时性音频信号；而播出机房播出、转播中的音频信号，歌手演唱的声音信号等则被称为实时音频信号。传输和交换正是针对实时音频信号。由于人耳的高度敏感性，对实时音频信号的连续性要求很高，因此数字音频信号传输的时延必须很小。与此同时，高质量音频信号的大数据量传输将占据很大的传输带宽，如一个 48kHz、24bit 的数字立体声音频信号的数据传输率为 2.304Mbps，由于以太网本身竞争机制所致，数据包传输过程中时延的不确定性和带宽利用率低，使得在其上实时传输多通道高质量音频信号成问题。

为了克服这个难题，DigiSpider 公司使用一种被称为“眼镜蛇”的特别协议，使每个数据包的时延控制在 3ms 内，网络带宽利用率达到 90%，从而可在普通以太网上传输多路数字音频信号，在一根五类线上可同时传输 64 路 48kHz、24bit 的高质量音频信号。更重要的是，它还利用网络的数据包交换技术，实现了数字音频信号的网上交换，完全摈弃了传统中心矩阵交换的概念，从而构成了一个高效的“无中心音频传输和交换”系统。

构成无中心音频传输和交换系统的基本单元是 CAS 音频网络传输终端；CAS 具有 16 个音频输入 / 输出通道，可以和任何音源设备相连。其输入／输出通道的数量分配和格式（模拟或 AES／EBU）可根据需要任意选配。CAS 具有 2 个网络接口，可以和 100Mbps 以太网相。由于采用特殊的通信协议，所有输入／输出音频信号（48kHz、24bit）均通过网络接口发送和接收，2 个网络接口互为备份。

若干个 CAS 通过交换式以太网构成音频信号的传输和交换系统，每个 CAS 的音频输出端 VI 可切换到网上任意一路音频输入信号；一个音频输入信号也可同时发送到网上任意一个音频输出通道。输出通道音频信号的选择由 CAS 内部 CPU 控制，不依赖网上任何其他设备，因此每个 CAS 是相对独立的运行单元，也是构成系统的基本单元。

CAS 的任何一个输入端口的音频信号通过网络发送到网上，而任何一个输出端口均可接收网上的任何音频信号，其设置可以直接在接收端的 CAS 上完成，也可通过控制台的虚拟矩阵来完成。各音频信号的流向一旦设置完毕，即可脱离控制台独立运行，控制台即使关机，也不会影响系统的运行，具有高度的可靠性。

在无中心交换系统中，各音频信号的交换直接在网络传输过程中完成，它是基于数据包级的交换，不像传统交换矩阵那样要将所有音频信号集中到物理矩阵进行集中交换。只要网络路由是通的，信号就可以无阻碍地传输和交换。

利用 CAS 的特性，可以方便地组建系统的监听监控单元，可以监听系统中任何一路音源，一旦发现故障，能迅速垫乐或转播其他音源，并及时报警。监控单元可实时监控系统中任何一个 CAS 的工作状况，并进行辅助故障分析。

为了满足某些场合的特殊需要，CAS 系统还可设置 DSP 中央处理单元。它直接连接在网络上，可同时处理32路音频信号，进行诸如延时、限幅等效果处理。DSP中央处理单元可供网上所有音频设备公用，其输入／输出通道可根据需要进行动态分配，从而提高系统资源的利用率。和传统音频信号传输和交换系统及其他音频网络传输系统相比，无中心交换系统具有设计简单、安全性高、工程量小、音频质量高、投资省、系统适应性强等特点。

以上表明，利用普通100Mbps以太网进行数字音频信号的传输和交换，具有很大的优越性。如果将其和现有音频工作站系统和数字音频资料库有机地结合起来，将给数字化广播带来全新的理念。

第三节　广播电视节目的数字播出

一、播出系统的发展

节目播出系统经历了早期漫长的手动播出到自动播出；随着新技术的快速发展和广泛应用，播出系统正在全面向数字播出过渡。

（一）从手动播出到自动播出

手动播出系统仅由录像机和切换开关组成，录像机的启动以及切换开关均由人工完成。其主要缺点是节目切换不准确，播出不准时。将计算机技术引入播出系统就实现了自动播出。早期的自动播出系统只是在手动播出系统中加入计算机，由计算机控制设备的启动和切换，保证了节目准时播出。后来引进了计算机自动控制网络，自动控制网络除完成自动控制节目自动播出外，还能实现对台内设备的统一管理和集中使用。应用计算机自动播出使电视节目播出技术手段上了一个台阶，但由于还需人工将磁带放人录像机，故严格来讲，这是一种半自动播出。后来将机械手引进播出系统，实现了电视节目的全自动播出。

（二）从模拟播出过渡到数字播出

随着数字技术的发展，播出设备的发展趋势正在向播出数字化、网络化，即向硬盘播出系统或制播一体网方向发展。

实现数字播出有三个关键技术值得注意：一是数字节目的大容量存储与管理；二是数字节目的高速备份／恢复，可达 3 ~ 20 倍速；三是与数字中心存储相连的多频道安全可靠的数字播出、广告播出、时延和 VOD（视频点播）。电视硬盘自动播出系统是一种特殊的计算机网络系统，它不仅要具备不间断地处理大量音视频数据录入和输出的能力，而且要求系统具备高可靠性，包括数据的高可靠性，随之进一步采用制播一体网将播出系统与非线性制作系统相连。该方式在传输时节省了数字与模拟之间的转化过程，提高了信号的传输质量，降低了信号的损失，为实现全系统的数字化、网络化奠定了基础。电视广播的真正数字化是从节目制作、播出、发射直至接收机的全系统的数字化。播出系统向网络化发展是一个必然趋势。

二、自动播出技术

电视自动播出系统的发展可分为三个阶段：第一阶段，采用单机控制的播出控制系统；第二阶段，采用网络化自动播出控制系统；第三阶段，采用带中心存储的播出控制系统，即播出系统配备媒体资源管理中心，是数字播出系统的发展方向。

目前，电视自动播出主要采用两种方案：

(1) 以数字切换台为核心，自动播控软件也以它为主控对象，数字录像机作为节目源，用自动播出系统控制数字录像机与播出切换台协调动作，实现自动播出。这种方案称之为传统自动播出系统，它存在录像机卡带、定期更换磁鼓、更改节目表过程复杂等缺点，逐步被硬盘播出所取代。但是，考虑到节目资料和设备的继承性，在硬盘播出系统中，都设计了硬盘播出、硬盘和磁带混合播出或磁带播出三种方式可以选择的控制系统。

(2) 以音视频服务器为核心，利用数据库技术进行管理，通过计算机网络传输控制和管理信息，并对设备进行监控，通过高速视频网络传输播出节目素材；自动播出系统控制音视频服务器与切换台协调动作，实现数字播出。这种方案日益普及，其中服务器是关键设备。而服务器的组合又有两类结构：一类采用主备音视频服务器方式；另一类是 Media Cluster 方式，也称为服务器集群方式。现在的多通道硬盘播出系统均采用服务器网络存储方案。

三、网络化全数字播出系统

(一) 设计要求

在设计多频道播出系统时，一方面要以安全可靠为系统设计的第一要素，另一方面，要充分考虑技术先进性和实际应用需求，设计一个适应未来发展、支持多频道交叉混合播出，具有高度灵活性、稳定性的数字化、网络化播控系统。因此，在设计播出系统时，应着重从以下八个方面考虑：

(1) 适用性。一般电视台有多个自办频道，每天有上百小时的节目播出，还有多个演播厅以及卫星、微波、光纤等各类直播信号源，因此，播出系统不仅要能满足自办频道的播出要求，还要满足各类外来信号源的直播调度和多个演播现场的联动直播的要求。

(2) 高可靠性。播出系统要求运行安全可靠，特别是像新闻综合频道每天24小时不间断播出，更要求系统具有极高的可靠性，因此，在设计总控系统、分控系统和硬盘系统时，所有的主干设备 (例如、矩阵、切换台、视音分配器、A / D、D / A、嵌入、解嵌器等) 全部采用主、备运行，机箱配主、备双电源板，且主备、电源来自不同的电源箱。每个分控的播出控制系统采用主、备同步自动运行，确保播出安全可靠。

(3) 先进性。系统设计要充分采用当今数字电视、计算机网络领域先进成熟的技术成果。因此，播控系统应以标准清晰度数字矩阵 (兼容高清)、数字切换台等设备为主干，以硬盘服务器播出为主，录像机播出为辅。将来视发展情况，可以建立数据流磁带或 DVD 光盘库作为近线播出库。考虑到现代数字视频设备绝大多数提供嵌入音频功能，为充分利用这一功能降低音频设备费用，同时也考虑到嵌入音频可避免数字音频传输延时、提高信噪比和简化播控系统等因素，系统采用数字音频嵌入方式。

(4) 高质量。系统要具备高技术质量，通道技术指标要达到国标甲级以上，系统设备定位在“国际知名品牌，业内主流产品”。

(5) 易维修维护。在24小时不间断播出的情况下，要求系统便于维修维护，支持热插拔、在线维护、在线扩展功能。

(6) 网络化。要求系统能够实现播出设备状态设置的网络化管理和播出过程的网络化管理与控制。

(7) 可扩展性。系统设计要留有发展的余地，可以方便地进行扩展，以适应未来开办数字电视制作、播出的发展需求。

（8）经济性。系统设备在满足使用功能要求的情况下要具有较高的性能价格比，同时，在播出中心建设过程中，尽量考虑与现有设备相衔接，充分利用现有设备，做到物尽其用。

在此基础上，确定播控系统的基本框架。

（二）播出系统的构成

以下以某电视台集数字电视技术、嵌入音频技术、硬盘播出、计算机网络技术综合应用于一体的六频道网络化硬盘数字播控系统为例介绍数字播出系统的构成。

该数字播出系统由总控系统、分控系统、硬盘系统和自动播出控制网络系统组成。

1. 总控系统

总控系统的职能是负责进出播控中心的台内外各种信号源的接收、分配调度、传输，并对所有信号进行处理、检测、监视。对各类共用信号进行调度、分配。主要信号流向为：向六个频道分控系统提供现场直播（包括延时播出）外源信号，向硬盘播出系统提供外源上载信号，向各演播室提供返送信号和外源信号，实现多个演播室之间的现场直播和异地联播，向各技术区提供同步信号和标准时钟信号。

在进入总控系统的各类信号源中，有来自全台各数字演播室、新闻中心、广告中心、转播车、数字光纤、卫星直播信号等数字外来信号计60路左右；有来自播控中心内部6个自办频道播出系统返回的主备信号、硬盘系统、录像机、延时系统、数字机动输入信号等约50路的内部数字信号。因此，在规模上选用CONCERT096×96数字视频矩阵作为总控主调度矩阵，用CONCERTO64×64数字视频矩阵作为总控备调度矩阵。主调度数字视频矩阵承担台内、外96路信号源的接收、分配调度及检测、监视等；备调度数字视频矩阵用以完成重要信号如8路模拟外源经处理后的数字信号、15路硬盘系统的播出及审编信号、10路应急用录像机（与上载录像机共享）输出信号、6大演播室来的数字信号等的应急调度。

总控主调度矩阵通过12路主ROUT送往6个数字分控系统，用于现场直播信号的调度；6路输出信号送给6套数字延时系统（含Seachange延时系统）；有32路数字信号返回给各演播室；总控主调度矩阵与备调度矩阵间有2条路由相连；总控备调度矩阵也通过12路备ROUT送往6个数字分控系统，用于现场直播信号的播出；同时提供6个频道的应急播出信号源（含延时后信号）。

进入总控的所有模拟信号均先进入模拟外源矩阵，利用原有SMS7000系列32×16模拟视、音频矩阵作为外来信号源的调度，这样就可以把模拟信号隔离在数字矩阵之前，只需要用少量的母线来完成模数转换和音频嵌入功能就可以了。来自模拟演播厅、模拟微波、卫星接收机的模拟信号、模拟光纤信号、模拟延时信号等，这些信号经SMS7000矩阵调度后通过8条EXT母线输出，经带帧同步子模块的A／D转换器及模拟音频嵌入器处理后送往CONCERT096×96数字视频矩阵，一些重点信号如卫星、现场直播及延时播出等信号则经CONCERT064×64数字视频矩阵进行二次调度，作为备用信号。

为了确保播出信号达到国标甲级要求。在设备硬件上全部采用10比特以上数字设备并按ITU—R.BT.601数字演播室音视频有关标准来验收。同时，充分利用产品的监测口来构建以太网监测系统对全系统设备工作状态进行动态监测和设置。通过对不同机箱重新定义IP地址，并用RF4.0软件对每一块A／D、D／A、数字视频分配器、数字帧同步、数字音频嵌入器、数字音频解嵌器等处理模块进行参数设置。当信号达不到技术指标参数要求时给出报警提示，且可对每个模块工作状态进行监测，如对输入、输出无信号，模块温度过高等异常情况进行报警。

针对自办6套节目现场直播较多（平均每天3～4场，同时有两场直播）的状况，配置6套延时播出系统，其中，3套分别为PROFILE系列的PDR312、PDR324、PDR316，都具备两路数字信号输入输出口，延时时间从几秒至数小时可调；数字延时系统2套，模拟延时系统1套，视频10bit量化，硬件延时，延时量可调，最大为30秒。另外利用Seachange的1个编码板和1个解码板用于直播节目的延时及节目插播，这样可以满足3个频道同时直播时采用主、备延时系统同步播出的需要。

2. 分控播出系统

分控系统负责本频道的节目播出和监听、监看工作。

播出系统有六套自办节目每天播出120小时以上，其中，新闻综合频道是24小时连续播出，这就要求播出系统首先必须具备高质量、高性能和高可靠性。因此，系统采用六套M-2100标准清晰度数字播出切换台和六台QUARTZ16×2切换开关组成6个频道的主、备播出切换系统，主切换台和备切换开关的信号源完全一致，受自动播出系统控制进行同步自动播出。其中，M-2100切换台具有嵌入音频处理功能，可以在播出过程中对伴音电平进行调整。在M-2100切换台和16×2切换开关的下游，安装了一个Miranda DC0-101i数字视频二选一切换开关，用以实现主、备播出信号的自动倒换，该开关也可进行手动控制，一旦出现故障可以通过Bypass旁路。

考虑到经济因素，在实际使用中可采用四个控制面板控制六台 M–2100 主机的方式。其中，主播出频道新闻综合频道和影视频道采用每个面板控制一个 M–2100 主机的方式，文体、教科及生活、信息频道均采用一个面板控制 2 台 M–2100 主机的方式。此外，系统还配备了 WHOLER、TEK601 和 TEK764，以便随时监听、监看和检测播出环节的信号质量。对于文体、教科及生活、信息频道这样两个播出主机共用一个控制面板的频道，采用在一个 SDI 视频流中嵌入两路（最多可嵌入 4 路）不同频道数字音频的方法，实现一个 WHOLER 同时“监看”或监听两个频道伴音，即通过 WHOLER 自带的开关选择监听某个频道伴音，同时，可通过监看 WHOLER 面板音量显示的办法来及时“监看”多路伴音。

3. 硬盘播出系统

根据 6 个自办频道全部使用硬盘播出的需求，选用 BMC（Broadcast Media Cluster）系列的 BMC–1236 大规模集群视频服务器和 BMS–830 单节点服务器。Media Cluster 是指由 3 ~ 7 个节点（Node）组成的一个逻辑系统。Media Cluster 中的每个节点都与其他的节点相连。节点（Node）实际上就是一台视频服务器（Video Server），用于存贮和播放视频数据，每个节点上有各自的编码板（encoder）和解码板（decoder）。编码板用于模拟到数字信号的转换，解码板完成数字到模拟信号的转换。Media Cluster 使用特殊的本地文件系统（seaFile）管理和存贮视频数据，文件存储结构是扁平的，而非 Windows 等系统常用的树状结构。系统自带的 ExdUtility 软件可以实现视频数据的存贮、删除、修改等操作。

BMC–1236 视频服务器有 6 个节点，每个节点配有 12 块 18GB 硬盘，共 72 块硬盘，总存储容量为 72 × 18GB=1296GB，在 12Mbps 编码率的情况下，节目存储量为 160 小时左右。系统配置了17个编码板和17个解码板，其中17个编码板用于6个频道的节目上载，12个解码板用于6个频道的主备播出，4个解码板用于节目的审查，1个解码板用作应急源的播出。整个系统在设计时充分考虑了播出的安全性，6个频道共配备12个主备播出解码通道，将每个频道的主播出板与备播出板分别循环错开分布在6个节点上，这样就保证了某一个节点出现故障不会影响到频道的播出。在每个解码板上，除了正常的播放信号外，还在MON2和SDI2口上输出一个cue信号，提供下一个待播节目的第一帧信号，为值机人员及时了解和检查下一档节目播出准备情况提供了极大的方便。

Seachange的最大特点就是采用RAID2技术，在硬盘和节点之间采用双重RAID5冗余备份。

以六节点集群服务器为例，服务器在上载素材的时候，先将视频素材平均写在5个节点（node）上，并将该素材的奇偶校验信息写在另一个节点上。然后采用RAID5的方式依次循环将视频素材与奇偶校验信息不同的节点上。在每一个节点上，到达的该节点的视频素材与奇偶校验信息也是按RAID5的方式依次循环写在12块不同的硬盘上。

在播出时，系统会依次从每一个节点读取该素材相应的那部分内容并将之送到指定的解码板进行播出。如果在播出中突然断掉一个节点，播出画面会不会因为这样的情况而导致一个很短的静帧呢？答案是否定的。Seachange使用的底层系统VSTRM与普通PC机系统不同，不需要等待对方传送相应的数据，然后才进行下一步操作。VSTRM是主动的，它会主动到各个节点去读取跟播出相关的内容，而且会根据特殊情况做出相应的操作。如果突然断掉一个节点时，VSTRM在允许的时间内读不到内容，就会自动去其他节点读取相应的奇偶校验信息，保证播出正常进行。PAL 制电视标准是 25 帧 / 秒，也就是 40ms / 帧，假如 VSTRM 在 10ms 内没有读到需要的内容，就会在剩下的 30ms 内读校验信息，实时算出所需要的数据并送到指定的解码板完成播出。这样，当一个节点出现故障时，其他节点仍然能正常工作。

由于 RAID2、VSTRM 等技术的采用，使得 Seachange 系统设计比较合理，没有单一的崩溃点、无须对所存内容作镜像的备份，大大提高了硬盘的使用效率。更为重要的是该系统维护简单、扩展方便，全部系统配件均可在线维护、更换。而且该系统不仅可以在播出状态下关闭某一个节点进行系统维护，也可以在在线状态下进行增加一个节点等扩展操作。

4. 自动播出控制网络系统

系统充分利用计算机网络技术来实现对电视节目播出过程的网络化管理和控制。系统以两台 SQL Server 数据库服务器为中心组成播出控制网络系统，完成网上串联单编排、审查、传送、节目上载、编辑、远程广告接收、播出单编辑和节目播出控制等功能，实现了电视节目播出过程的网络化管理与控制。自动播出控制网络系统由 2 台 HP 公司 LC-2000 网络服务器、12 台播出工作站、4 台上载工作站、3 台审看工作站、1 台串联单编辑服务器和 2 台放置在广告部的控制工作站等组成。其中 2 台惠普服务器用来作为 SQL Server 数据库服务的主备机，12 台播出工作站完成 6 个频道的主、备自动播出控制，上载工作站负责 6 个频道的上载，审查工作站完成对节目的审查。串联单编辑服务器通过一台 HUB 带 4 台串联单编辑、审查终端，完成串联单编辑、审查工作。为确保远程终端使用安全，防止非法用户及病毒侵入，选用不带软驱、光驱的远程终端作为异地串联单编辑工作站。

数据库服务器子系统采用双服务器结构，两台服务器通过软件进行完全同步操作和热备份，提供了硬盘服务器上广告素材、新闻素材、节目素材，系统中总编室节目单、播出节目单、播后节目单、播出日志、人员权限等管理功能，同时为了适应多个频道的使用，可以根据需要为每个频道建立独立的数据库，从而既保证了素材的共享，又实现了其他信息的相对独立。

节目播出的过程管理与控制都通过播出控制网络完成。系统通过以太网完成串联单编辑、审看、传送、节目上载、编辑和节目播出控制等功能，改变了目前串联单编审和节目播出脱节的问题，实现了节目网络化自动播出。

对于视频节目流来说，其上载、编辑和播出系统的上传和下载工作站通过网络与串口控制服务器的通讯来控制录像机、硬盘服务器的编解码通道，通过网络与矩阵控制服务器的通讯来完成上下载视频信号的调度，来完成音视频信号的采集和编辑。

（三）数字播出系统软件

1. Media Cluster 系统软件

Media Cluster 软件运行于 Windows NT4 操作系统。每个 Media Cluster 节点均经过 Windows NT 平台认证。该 Windows NT 操作系统支持 VGA、Modem、以太网和磁盘控制器等标准装置。

（1）VStreams 软件

Sea Change 的媒体数据传送系统 I／O 结构为“虚拟流”（VStreams）。

VStreams 端口输入与输出恒定比特率的媒体数据流。一般地，流的输入与输出装置为 RAID5 磁盘阵列、数字网络、MPEG—2 编／解码器等。所有的数据移动均以统一模式进行，避免了标准用户模式接口所需的内容交换和数据复制的开销。这减少了 CPU 的使用率并缩短了 I / O 等待时间，从而提供了一种适用于高性能、恒定比特率的应用环境。VStreams 软件就是负责处理媒体数据目标在单一节点中的转移。

（2）SeaView 软件

Media Cluster 技术具有 SeaView 管理应用功能，可从局域网（LAN）上的一个中央 Windows NT 工作站控制一个 Media Cluster 和其所有的节点。SeaView 通过 SeaMon 服务与集群器中的节点通信。SeaMon 运行于各节点，并能监视和管理 Media Ctuster。SeaMon 软件从一些信号源采集数据，并通过 SeaView 图形用户接口（GUI）来显示它们。这些信号源为 MPEG—2 编 / 解码器、RAID–5 磁盘阵列、集群器数据及 SeaNet。SeaView 的主窗口动态地展示互联 SeaNet 中集群器的所有节点的工作状态。

（3）ExdUtility 软件

ExdUtility 软件全称为 Extensible Disk Utility，是一款管理监控 BMC 的工具软件。该软件一般安装在 BOSS（Broadcast Operation Server Station）上，其功能如下：

显示并设置播出系统软件的配置信息；录制存贮视频信号，测试 BMC 或 BMS 的编码板和编码操作；播放视频信号，测试录制信号的质量，测试 BMC 或 BMS 的解码板的工作状况；管理播出系统存贮的视频素材，以及外接的归档系统；监测播出系统的状态（编解码板）；监视在播出系统中安装的应用服务状态，并对其进行管理。

2. 自动播出应用软件

这是一套运行于中文 Windows 操作系统上基于数据库管理的播出控制软件，采用服务器与工作站的网络结构，实现远程播出单编辑、播出单审核、节目上载、节目出入点审查、节目播出、播出统计等功能。若配合适当的磁带时码处理，即可实现节目上载的完全自动化。整个自动播出系统应用软件分为四个部分：总编室节目串联单编辑软件、节目上载软件、节目播出软件、广告上载软件。

工作流程首先由总编室在串联单编辑工作站上编制待播节目单，完成以后交给主任审查，审查通过后入数据库，同时节目上载工作站和播出工作站收到串联单已审查通过信息。上载工作站打开串联单将节目一一上载到硬盘中，节目播出工作站打开串联单准备播出。当一个节目上载完成后，节目审查工作站将对该节目的出入点进行审查，审查通过后发送到数据库中，这时播出工作站上的播出单就会自动收到该节目的入库信息，此后节目播出人员命令播出软件在硬盘中寻找该节目，找到后软件自动将串联单上该节目的信号源设置为硬盘。对于未能及时上载的节目，在播出前，软件将自动发出报警信息，提示播出值班员进行必要的处理。对于突发事件，软件提供应急处理功能，在保证安全的前提下，实现尽可能多的自动化或辅助自动化功能，以求最大限度地降低劳动强度和减少人为差错率。

(1) 总编室串联单编排应用软件

从以上工作流程可以看出，总编室编排的串联单信息成为整个硬盘自动系统的核心，串联单编辑软件可以满足节目编排中出现的各种要求，提供定时、顺序、插播等多种功能，并提供节目预播库、串联单模板、提示修正等便捷工具，方便、实用。在整个硬盘自动播出系统中原有的纸质串联单完全由电子串联单代替，所有信息都是由网络传输的，真正实现了无纸化。

(2) 节目上载应用软件

一台节目上载工作站上管理四个编码板，连接四个信号源，这些信号源可以是录像机，也可以是信号。打开某频道串联单将未上载的节目拖入上载编辑框，找到对应信号源的入点即可开始采集素材，素材名称、磁带编号以及时间长度都不用修改，默认为串联单提供长度，采集结束后，软件自动提示采集下一档节目。同时，在节目审查工作站的未审查素材栏中自动增加刚刚采集的节目，提示需要审查，审查人员对出入点进行审查后将编辑好的节目入库。该节目自动加到已审查素材栏中。

(3) 节目播出应用软件

节目审查完成入库的同时，播出工作站收到该节目已经上载并审查通过的信息，播出值班员只需按下快捷键即可自动完成素材检索，将播出串联单上该节目的信号源设为硬盘。该软件分为在线编辑、在线播出、离线编辑三个部分。在线播出显示节目播出状况，在播节目用红色显示，该播出单不能修改。在在线编辑中可以对节目播出单上在播节目以后的各档节目进行信号源选择。在离线编辑中可以进行当天以后节目串联单信号源的选择。

(4) 广告上载应用软件

类似于节目上载应用软件，只是将上载的节目通过光纤网传送到 SeaChange Media Cluster 系统的视频服务器上。

(5) 数据库管理软件

数据库服务器子系统采用 Windows Advanced Server 操作平台和 Micros0ft SQL Server 数据库软件来负责整个系统的素材信息和节目单数据的存储。数据库管理软件运行在数据库服务器上，具有终端计算机管理、用户管理、频道管理、日志管理、节目统计等功能。日志管理对总编室串联单编辑子系统、节目上载子系统、节目播出子系统以及广告上载子系统中所有操作均在日志中予以记录，可以用户、终端计算机名、日期等关键字进行日志查询。用户管理为所有操作人员建立用户档案，设定用户权限。节目统计软件提供了自动统计串联单上载、播出信息的功能，可以按节目类型对月、季、年度进行统计，完全实现了节目统计的自动化。

自动播控软件还可对所控制的播出设备的工作状态进行检测，对网络的状态进行检测，对主设备进行检测，并能显示和告警。这有两个作用：一是便于操作者检查监视设备所处状态是否正确；二是一旦出现异常通过声讯报警，能提醒操作者及时处理。

网络化硬盘自动播出系统通过对电视节目播出过程的网络化管理和控制，使得节目播出更加严谨、规范。此外，不仅排除了录像机绞带、死机、堵磁头等故障引发的停播事故，提高了节目播出的安全性，而且大大提高了一个节目在多频道交叉、重复播出的灵活性，减少了录像机的设备磨损，为节目顺利播出提供了有力的技术支持。

第六章　数字媒体时代广播电视技术的新传媒技术要素

第一节　DTMB 地面数字电视技术

一、数字电视压缩编码技术

数字电视广播系统的压缩编码技术是使数字信号走向实用的关键技术之一，前面已有简单介绍，下面再从技术角度作一讨论。

（一）压缩编码的必要性

数字电视广播系统中的数字信号有很多优点，但当模拟信号数字化后其频带大大加宽，一路 6MHz 的普通电视信号数字化后．其数码率将高达 167Mbps，对储存器容量要求很大，占有的带宽将达 80MHz 左右，这样将使数字信号失去实用价值。数字电视广播系统中的压缩编码技术很好地解决了上述困难，压缩后信号所占用的频带极大地低于原模拟信号的频带。因此，目前较多的应用在有线数字电视系统中的压缩编码技术为用于活动图像压缩的 MPEG 数字压缩技术。

（二）压缩编码类型

数字电视广播系统中压缩技术主要包括用于计算机静止图像压缩的 JPEG，用于会议电视系统的 H.261 压缩编码和用于活动图像压缩的 MPEG 数字压缩技术。

1. JPEG

JPEG 主要用于计算机静止图像的压缩，在用于活动图像时，其算法仅限于帧内，便于编辑。采用 JPEG 标准可以得到不同压缩比的图像，在使图像质量得到保证的情况下，可以从每个像素 24bit 减到每个像素 1bit 甚至更小。

JPEG 标准所根据的算法是基于 DCT（离散余弦变换）和可变长编码。JPEG 的关键技术有变换编码、量化、差分编码、运动补偿、霍夫曼编码和游程编码等。

JPEG 算法的原理是利用单帧内的空间相关性，减少空间冗余度，这种方式称为帧内编码。

为了进一步提高图像压缩比，要设法减少时间冗余度，这种编码方式称为帧间编码。

2. H.261

H.261 是用于会议电视的国际标准，既采用了帧内编码，又采用了帧间编码，因此它的压缩比大致是 JPEG 的三倍。

H.261 标准用于音像业务的码率是 P × 64Kbps（P=1，2，…，30）。用于电视电话时 P=1 或 2，用于电视会议时 P>6。这种标准具有最小延迟实时对话的能力。

从编码器中看到，它有一个和解码器一样的过程，解出的图像放在运动补偿预测器中形成过去帧，它的输出和当前帧一起加到“运动估计”，求得的运动矢量一方面经 VLC 送到复用器中去，另一方面加到运动补偿预测器中，使之产生估计帧（对当前帧），它和当前帧相减即求得差值，这个差值经 DCT 和 Q（适配器）、VLC 也送到复用器中去。

在进行帧间编码时，编码器和解码器必须使用相同的预测器，否则两者会脱轨。为了获得重建图像，被量化以后的系数要用一个反量化器和反余弦变换（IDCT）来处理，为防止编码器和解码器慢慢漂移分离，必须对误差的平均值加以严格规定，即使如此，仍然要周期地使用帧内编码，使解码器处于一个已知状态。

运动补偿单元使帧间差最小，从而减少所需传输码率。搜索窗的大小在水平和垂直方向上都是 + / –15 个采样值。通常只对亮度信号做运动估计，但运动补偿不仅作用于亮度，也作用于色度（亮度像素位移的一半）。

被压缩的数据送入缓冲器，然后作可变长度解码，解码器余下的部分相似于编码器的后端，仅有的区别是不再需要运动估计。运动矢量和其他附带的信息是直接从可变长解码器的输出得到的。

在编码器的输出端有缓冲器，这是因为编码过程产生的比特率不是恒定的，它取决于运动序列中各点的图像统计特征。在图像的“简单”部分允许节省一些比特，而在“复杂”的部分要多花一些比特。对于每一个编码图像，比特的数目也允许变更。但是在传输网络中的数据的比特率又必须是恒定的，所以在视频编码器的输出端必须有数据缓冲器来提供平滑的作用。相反地，在解码器要以非恒定的速率来利用接收到的信息，所以也要包含一个解码器的缓冲器。

3. MPEG

MPEG 是为数字音视频制定压缩标准的专家组。MPEG 组织最初得到的授权是制定用于“活动图像”编码的各种标准，随后扩充为“及其伴随的音频”及其组合编码，后来针对不同的应用需求，解除了“用于数字存储媒体”的限制，成为现在制定

“活动图像和音频编码”标准的组织。目前为止，在视频压缩领域 MPEG 成为应用最多的压缩技术。随着互联网和宽带的发展，MPEG 技术越来越多地在各个领域得到应用。

MPEG 目前已提出 MPEG—1、MPEG—2、MPEG—4、MPEG—7 和 MPEG—21 标准。

MPEG—1 标准于 1993 年 8 月公布，用于传输 1.5Mbps 数据传输率的数字存储媒体运动图像及其伴音的编码。该标准包括五个部分：第一部分说明了如何根据第二部分（视频）以及第三部分（音频）的规定，对音频和视频进行复合编码。第四部分说明了检验解码器或编码器的输出比特流符合前三部分规定的过程。第五部分是一个用完整的 C 语言实现的编码和解码器。

MPEG—2 图像压缩的原理是利用了图像中的两种特性：空间相关性和时间相关性。这两种相关性使得图像中存在大量的冗余信息。如果我们能将这些冗余信息去除，只保留少量非相关信息进行传输，就可以大大节省传输频带。而接收机利用这些非相关信息，按照一定的解码算法，可以在保证一定图像质量的前提下恢复原始图像。

从本质上说，MPEG—2 可以视为是一组 MPEG—1 的最高级编码标准，并设计能向后兼容 MPEG—1，即每一个 MPEG—2 兼容解码器能对有效的 MPEG—1 比特流进行解码。为了满足多种不同应用的需求，MPEG—2 将许多视频编码算法综合于单个句法之中；为获得足够的性能和质量，MPEG—2 还增添了许多新的编码特性。MPEG—2 具备两种压缩编码模式，一是非可分等级的压缩编码模式，二是可分等级的压缩编码模式。

在非可分等级的压缩编码中，与 MPEG—1 一样，MPEG—2 是以通用的混合 DCT 和 DPCM 编码为基础，加入了宏块结构、运动补偿和帧间预测的压缩编码方式。MPEG—2引进了一些新的运动补偿场预测模式，以便有效地对场图像和帧图像加以压缩编码，如为了支持隔行视频的场图像的场间预测、帧图像的场间预测、用于P帧的双基预测和用于场图像的16x8预测等针对隔行扫描图像的更有效预测编码模式。另外，MPEG—2还引入了更高的色信号取样模式。MPEG—1中使用4：1：1模式，即色信号的取样无论在水平方向，还是在垂直方向上都是亮度信号样点数的1／2。MPEG—2除了4：2：0外，还支持4：2：2和4：4：4模式，前者色信号的样点数在垂直方向上与亮度信号相同，只在水平方向上是亮度信号的1／2；后者的色信号的样点数和亮度信号则完全相同。

除了非可分等级的压缩编码模式外，MPEG—2已经对可分级性方法进行了标准化。可分级压缩编码在不同业务之间能提供互操作性，能满足传输频道或存储媒体对带宽的特殊需求，能较灵活地支持具有不同显示功能的各种接收机。有的接收机既没有能力或者也不要求再现视频的全部清晰度，那么就可以只对分层比特流的子集进行解码，以较低的空间或时间清晰度，或者较低的质量，来显示视频图像。可分级编码灵活支持多种清晰度的这一功能对于HDTV跟标准清晰度电视（SDTV）相互配合运作来讲十分重要，保持HDTV接收机应跟SDTV产品相兼容。只要HDTV源进行了可分级压缩编码，就能实现这一兼容性，这就能避免很浪费地将两个单独的比特流分别地传输给HDTV和SDTV接收机。不同的可分级性方法还可以结合于一个混合编码方案之中，也就是说，将空间可分级性和时间可分级性方法结合于一个混合层编码方案之中，这样，拥有不同空间清晰度和帧频的各种业务之间的互操作性就能得到支持。将空间可分级性与SNR可分级性相结合，就能够获得 HDTV 与 SDTV 业务之间的互操作性，并对频道误差有一定的恢复功能。MPEG 一 2 句法最多可支持三个不同的可分级层。可分级编码的其他一些重要应用还有视频数据库浏览以及在多媒体环境中视频的多清晰度重放。

MPEG—4 与 MPEG—1 和 MPEG—2 有很大的不同。MPEG—4 不只是具体压缩算法，它是针对数字电视、交互式绘图应用(影音合成内容)、交互式多媒体（www、资料撷取与分散）等整合及压缩技术的需求而制定的国际标准。MPEG—4 标准将众多的多媒体应用集成于一个完整的框架内，旨在为多媒体通信及应用环境提供标准的算法及工具，从而建立起一种能被多媒体传输、存储、检索等应用领域普遍采用的统一数据格式。

MPEG—4 采用基于对象的压缩编码，即在编码时将一幅景物分成若干在时间和空间上相互联系的视频音频对象，分别编码后，再经过复用传输到接收端，接收端对不同的对象分别解码，从而组合成所需要的视频和音频。这样既方便我们对不同的对象采用不同的压缩编码方法和表示方法，又有利于不同数据类型间的融合，也可以方便地实现对各种对象的操作及编辑。例如，我们可以将一个卡通人物放在真实的场景中，或者将真人置于一个虚拟的演播室里，还可以在互联网上方便地实现交互，根据自己的需要有选择地组合各种视频音频以及图形文本对象。

MPEG—7 的目标是支持多种音频和视觉的描述，包括自由文本、N 维时空结构、统计信息、客观属性、主观属性、生产属性和组合信息；是根据信息的抽象层次，提供一种描述多媒体材料的方法以便表示不同层次上的用户对信息的需求；是支持数据管理的灵活性、数据资源的全球化和互操作性。最终的目的是把网上的多媒体内容变成文本内容，具有可搜索性。

二、数字电视机顶盒技术

（一）数字电视机顶盒的概念

对于机顶盒（Set-Top-Box），目前没有标准的定义，按文字释义是“置于电视机顶上的盒子”。从广义上说，凡是与电视机相连接的网络终端设备都可称为机顶盒。随着广播电视节目的数字化以及 Internet 的迅速普及，机顶盒的功能也变得越来越强大。它是一种能够让用户在现有模拟电视机上观看数字电视节目，并进行交互式数字化娱乐、教育和商业化活动的设备。如今，集解压缩、Internet 浏览、解密收费、多种接口、交互控制等多项功能为一体的机顶盒已经成为研究、开发的主要方向。

根据传输媒体的不同，数字电视机顶盒又分为数字卫星机顶盒（DVB—S）、地面数字电视机顶盒（DVB—T）和有线数字电视机顶盒（DVB—C）三种，三种机顶盒的硬件结构主要区别在解调部分。目前应用较为广泛的是数字卫星机顶盒及有线电视数字机顶盒。

（二）数字电视机顶盒的功能

数字电视机顶盒的基本功能是接收数字电视广播节目，同时具有所有广播和交互式多媒体应用功能，包括：

（1）电子节目指南（EPG）：它为用户提供一种容易使用、界面友好、可以快速访问想看节目的方式，用户可以通过该功能看到一个或多个频道甚至所有频道上近期将播放的电视节目。

（2）高速数据广播：它能为用户提供股市行情、票务信息、电子报纸、热门网站等各种信息。

（3）软件在线升级：它可看成是数据广播的应用之一。数据广播服务器按 DVB 数据广播标准将升级软件广播下来，机顶盒能识别该软件的版本号，在版本不同时接收该软件，并对保存在存储器中的软件进行更新。

（4）因特网接入和电子邮件：数字机顶盒可通过内置的电缆调制解调器方便地实现因特网接入功能。用户可以通过机顶盒内置的浏览器上网，发送电子邮件。同时机顶盒也可以提供各种接口。

（5）支持交互式应用：如视频点播、互动游戏等。

（6）有条件接收：有条件接收的核心是加扰和加密，数字机顶盒应具有解扰和解密功能。

（三）数字电视机顶盒的原理与结构

数字电视机顶盒接收各种传输介质来的数字电视和各种数据信息，通过解调、解复用、解码和音视频编码（或者通过相应的数据解析模块），在模拟电视机上观看数字电视节目和各种数据信息。以有线数字电视机顶盒为例，其工作原理如下：有线数字电视机顶盒接收数字电视节目、处理数据业务和完成多种应用的解析。信源在进入有线电视网络前完成两级编码，一是传输用的信道编码，另一级是音、视频信号的信源编码和所有信源封装成传输流。与前端相应，接收端机顶盒首先从传输层提取信道编码信号，完成信道解调；其次是还原压缩的信源编码信号，恢复原始音、视频流，同时完成数据业务和多种应用的接收、解析。具有交互功能的机顶盒则需回传通道。

根据接收数字电视广播和互联网信息的要求，一个数字电视机顶盒的硬件结构由信号处理（信道解码和信源解码）、控制和接口几大部分组成。

机顶盒从功能上看是计算机和电视机的融合产物，从信号处理和应用操作上看，机顶盒包含以下层次：

（1）物理层和连接层：包括高频调谐器，QPSK、QAM、OFDM、VSB 解调，卷积解码，去交织，里德 - 所罗门解码，解能量扩散。

（2）传输层：包括解复用，它把传输流分成视频、音频和数据包。

（3）节目层：包括 MPEG—2 视频解码，MPEG / AC-3 音频解码。

（4）用户层：包括服务信息，电子节目表，图形用户界面（GUI），浏览器，遥控，有条件接收，数据解码。

（5）输出接口：包括模拟音视频接口，数字音视频接口，数据接口，键盘，鼠标等。

数字电视机顶盒的工作过程大致如下：高频头接收来自有线网的高频信号，通过 OAM 解调器完成信道解码，从载波中分离出包含音、视频和其他数据信息的传送流（TS）。传送流中一般包含多个音、视频流及一些数据信息。解复用器则用来区分不同的节目，提取相应的音、视频流和数据流，送入 MPEG—2 解码器和相应的解析软件，完成数字信息的还原。对于付费电视，条件接收模块对音、视频流实施解扰，并采用含有识别用户和进行记账功能的智能卡，保证合法用户正常收看。MPEG—2 解码器完成音、视频信号的解压缩，经视频编码器和音频 D / A 变换，还原出模拟音、视频信号，在常规彩色电视机上显示高质量图像，并提供多声道立体声节目。

(四) 数字电视机顶盒的主要技术

信道解码、信源解码、上行数据的调制编码、嵌入式 CPU、MPEG—2 解压缩、机顶盒软件、显示控制和加解扰技术是数字电视机顶盒的主要技术。

1. 信道解码

数字电视机顶盒中的信道解码电路相当于模拟电视机中的高频头和中频放大器。在数字电视机顶盒中，高频头是必须的，不过调谐范围包含卫星频道、地面电视接收频道、有线电视增补频道。根据 DTV 目前已有的调制方式，信道解码应包括 QPSK、QAM、OFDM、VSB 解调功能。

2. 信源解码

数字电视广播采用 MPEG—2 视频压缩标准，适用多种清晰度图像质量。音频目前则有 AC-3 和 MPEG—2 两种标准。信源解码器必须适应不同编码策略，正确还原原始音、视频数据。

3. 上行数据的调制编码

开展交互式应用，需要考虑上行数据的调制编码问题。目前普遍采用的有 3 种方式，采用电话线传送上行数据，采用以太网卡传送上行数据和通过有线网络传送上行数据。

4. 嵌入式 CPU

嵌入式 CPU 是数字电视机顶盒的心脏，当数据完成信道解码以后，首先要解复用，把传输流分成视频、音频，使视频、音频和数据分离开，在数字电视机顶盒专用的 CPU 中集成了 32 个以上可编程 PID 滤波器，其中两个用于视频和音频滤波，其余的用于 PSI、SI 和 Private 数据滤波。CPU 是嵌入式操作系统的运行平台，它要和操作系统一起完成网络管理，显示管理、有条件接收管理（IC 卡和 Smart 卡）、图文电视解码、数据解码、OSD、视频信号的上下变换等功能。为了达到这些功能，必须在普通 32 ~ 64 位 CPU 上扩展许多新的功能，并不断提高速度，以适应高速网络和三维游戏的要求。

5. 数字电视机顶盒软件

电视数字化后，数字电视技术中软件技术占有更为重要的位置。除了音视频的解码由硬件实现外，包括电视内容的重现、操作界面的实现、数据广播业务的实现，直至机顶盒和个人计算机的互联以及和 Internet 的互联都需要由软件来实现，具体如下。

硬件驱动层软件：驱动程序驱动硬件功能，如射频解调器、传输解复用器、A / v 解码器、OSD、视频编码器等。

嵌入式实时多任务操作系统：嵌入式实时操作系统是相对于桌面计算机操作系统而言的，系统结构紧凑，功能相对简单，资源开发较小，便于固化在存储器中。嵌入式操作系统的作用与 PC 机上的 DOS 和 Windows 相似，用户通过它进行人机对话，完成用户下达的指定。指定接收采用多种方式如：键盘、鼠标、语音、触摸屏、红外遥控器等。

中间件：在开发机顶盒上层应用中常常会面对如下问题：实时多任务操作系统，硬件平台原理细节，复杂的行业标准，繁杂的用户界面以及实用功能等各项跨行业的难题。为了解决上述问题，中间件技术应运而生，并成为数字电视核心技术，称为开放式业务平台。中间件是在数字电视接收机的应用程序和操作系统、硬件平台之间嵌入的一个中间层，定义一组较为完整的、标准的应用程序接口，使应用程序独立于操作系统和硬件平台，从而将应用的开发变得更加简捷，使产品的开放性和可移植性更强。它通常由 Java 虚拟机、网络浏览器、图像与多媒体模块等组成。开放的业务平台上的特点在于产品的开发和生产以一个业务平台为基础，开放的业务平台为每个环节提供独立的运行模式，每个环节拥有自身的利润，能产生多个供应商。只有采用开放式业务平台才能保证机顶盒的扩展性，保证投资的有效回收。

上层应用软件：执行服务商提供的各种服务功能，如：电子节目指南、准视频点播、视频点播、数据广播、IP电话和可视电话等。

上层应用软件独立于STB的硬件，它可以用于各种STB硬件平台，消除应用软件对硬件的依赖。

6. 显示控制技术

就电视和计算机显示器而言，CRT显示是一种成熟的技术，但是用低分辨率的电视机显示文字，尤其是小于24×24的小字，问题就变得复杂了。电视机的显像管是大节距的低分辨率管，只适合显示720×576或640×480的图像，它的偏转系统是固定不变的，是为525行60Hz或625行50Hz设计的，而数字电视的显示格式有18种以上。上网则要符合VESA格式。显然，电视机的显示系统无法适应这么多格式。另外，电视采用低帧频的隔行扫描方式，当显示图形和文字时，亮度信号存在背景闪烁，水平直线存在行间闪烁。如果把逐行扫描的计算机图文转换到电视机上，水平边沿就会仅出现在奇场或偶场，屏显时间接近人眼的视觉暂留，会产生厉害的边缘闪烁现象，因而要用电视机上网，必须要补救电视机显示的缺陷。

根据技术难度和成本，目前用两种方法进行改进，一种是抗闪烁滤波器，把相邻三行的图像按比例相加成一行，使仅出现在单场的图像重现在每场中，这种方式叫三行滤波法。三行滤波法简单易实现，但降低了图像的清晰度，适用于隔行扫描方式的电视机。另一种方法是把隔行扫描变成逐行扫描，并适当提高帧频，这种方式要成倍地增加扫描的行数和场数，为了使增加的像素不是无中生有，保证活动画面的连续性，必须要做行、场内插运算和运动补偿，必须用专用的芯片和复杂的技术才能实现，这种方式在电视机上显示计算机图文的质量非常好，但必须在有逐行和倍扫描功能的电视机上才能实现。另外把分辨率高于模拟电视机的HDTV和VESA信号在电视机上播放，只能显示部分画面，必须进行缩小，这就像PIP方式，要丢行和丢场。同样为保证图像的连续性，也要进行内插运算。

7. 加解扰技术

加解扰技术用于对数字节目进行加密和解密。其基本原理是采用加扰控制字加密传输的方法，用户端利用IC卡解密。在MPEG传输流中，与控制字传输相关的有2个数据流：授权控制信息（ECMs）和授权管理信息（EMMs）。由业务密钥（SK）加密处理后的控制字在ECMs中传送，其中包括节目来源、时间、内容分类和节目价格等节目信息。对控制字加密的业务密钥在授权管理信息中传送，并且业务密钥在传送前要经过用户个人分配密钥（PDK）的加密处理。EMMs中还包括地址、用户授权信息，如用户可以看的节目或时间段，用户付的收视费等。

用户个人分配密钥存放在用户的智能卡（Smart Card）中，在用户端，机顶盒根据PMT和CAT表中的CA-descriptor，获得EMM和ECM的PID值，然后从TS流中过滤出ECMs和EMMs，并通过Smart Card接口送给Smart Card。Smart Card首先读取用户个人分配密钥（PDK），用PDK对EMM解密，取出SK，然后利用SK对ECM进行解密，取出CW，并将CW通过Smart Card接口送给解扰引擎，解扰引擎利用CW就可以将已加扰的传输流进行解扰。

数字电视机顶盒不仅是用户终端，也是网络终端，它能使模拟电视机从被动接收模拟电视转向交互式数字电视（如视频点播等），并能接入因特网，使用户享受电视、数据、语言等全方位的信息服务。随着数字技术、多媒体技术和网络技术的发展，数字电视机顶盒功能将逐步完善，尤其是单片 PC 技术的发展，将促使数字电视机顶盒内置和整个成本下降，让大多数用户在普通模拟电视机上实现既能娱乐又能上网等多种服务。随着国内宽带网络建设的不断发展，电视数字化进程的加快，电信、有线电视与互联网 3 网合一的日益临近，数字电视机顶盒将在今后人们的智能化生活中起到极其重要的作用。

三、数字电视系统的实时监测

采用基于 QAM 调制标准的数字广播网已在全球许多地方建立起来。在验证网络服务的质量时，需要一套监测系统对错误进行尽可能快的记录和跟踪。为此，监测系统要能做到：①尽快检测到错误并进行记录（最好是在用户察觉到错误之前）；②用简洁明了的方法将故障的严重性和所影响的服务告知电视中心；③找出错误的根源，以便尽快纠正。

（一）监测对象

以 DVB—C 有线网为例，数字电视系统在结构上确比模拟广播系统更为复杂，所要监测的参数也更多。主要应关注一些基本的参数。对系统中的实际设备实施监测是必须的，对于不再有响应的编码器，管理系统要立即捕捉，需要由测量设备来监测。所需的测量设备类型取决于在系统中所处的位置。

1. 基本传输流测试

DVB ETR290技术规范规定了许多需测参数，提供了一套基本的“健康检查”。但在许多情况下还要有附加测试，包括比特率扰乱的检查及服务是否存在的验证。要在系统多处进行基本传输流测试，特别是在传输流被改动的站点之后。

2. 图像质量测量

图像质量在任何DVB系统中都是非常重要的。视频信号是否被正常地编码而没有任何“马赛克”或其他看得见的错误？为此，在许多运营系统中使用监视墙对解码信号进行人工监管。更有效的办法可能是使用视频质量分析仪。已经开发出几项技术对视频质量进行客观测量，目前这些方法与感受到的主观质量有很好的一致性。

在中央前端，其他能校验的参数还有“对白同期录音”和“解码器缓存填充”。条件访问系统的相关问题，在机顶盒中进行扰频加密和切换，可能导致图像消失或劣化。为了检测这些差错，要对系统所用实际机顶盒输出的图像进行监测。

3. 传输测量

监测传输链，对于检测网络中两个节点之间“原始”数据包的传输来说，非常有用。在传输方面，会产生误码、包丢失或抖动等问题，这将对传输流的所有内容产生随机影响。

在MPEG级，可能会观察到数量巨大的各种错误——图像“马赛克”、包丢失、CRC错误、同步错误，以及最糟糕的情形——根本不同步。

如果传输流的分配采用ATM / SDH网，就应该对来自系统本身的报警进行监测。如果传输流的分配采用卫星链路，就要对来自接收器端的OPSK解调器的射频参数进行监测。在应用前向纠错之前，对误码率实施监测往往很有用。这样，在引入的错误过于严重，以至纠错无能为力之前，可以及时检测出与传输有关的问题。

4. 射频和调制测量

QAM 调制器和射频发送器处理传送链的最后部分，以服务于诸如机顶盒等的接收终端。

发送设备中的错误可以导致信号劣化，增加在解调器中引入的误码率。最终，差错的数量变得很大，以至于前向纠错已无能为力。这便导致接收信号的突然崩溃。为了检测这些问题，应该在有线网的各个接收站点上设置带有 QAM 解调器和射频测量效能的传输流监视器。

（二）监测系统总览

前面所述要点在实践中如何操作？答案是，除了监测包含在系统中的现有设备以外，还应该在传输链有需要的地方设置监测设备。

在大型的中央前端，对于编码视频信号，应该使用像“图像质量分析仪”这样的专用设备去捕捉问题。应该对传输链中的设备进行监管。对于 SDH 网络，要监测电信设备，以俘获与较低层协议有关的问题。应该在贯穿系统的合适地方设置具有监测作用的“看门狗”，其性价比高，具有解调能力，能对基本传输流内容进行校验。

在发射场站应该使用传输流监视器，其解调功能和射频测量能力可以对传输信号的劣化做出早期报告。

在数字网络上监测点的数量可能很多。作为一个完整的监测系统，另一个重要性能是收集和展示单个用户界面的所有报警状态。这就需要网络管理系统。

（三）传输流监测特性

需要在DVB—C网的关键位置上设置传输流监视器，其实用特性如下。

1. 报警产生与浏览能力

传输流监视器有三项任务：检测错误，报警发生时给出报告；记录报警以便随后跟踪；为操作者提供一套工具，可在任意时间按命令浏览内容、实施测量。

正常运行时，第一项最为重要。无论何时检测到问题，“看门狗”都应能起作用。当电视中心接收到报警或疑点时，便要访问监视器，进一步了解情况。随后，要允许电视中心浏览传输流，并要有一个工具箱可供远程使用，这点很重要。

记录日志文件对于解决发生在电视中心和内容提供商之间事关分清错误责任的争议很有帮助。

2. 持续监测与循环法测试

为减少监测系统的花费，建议在大多数情况下采用循环监测的方法。其原则是使用一些外部开关，让监视器在几个流之间循环作用，比如每隔1分钟，从一个流切换到另一个流，进行测试。这种方法的优点是减少了分析仪的数量。不过，也有几个不利因素：如果监测10个流，花在每个流上的时间只有10%，就有可能检测不到那些杂散的错误；系统中有价值的记录文件将变得不连续，无法解决电视中心与内容提供商之间引起的争议；监测系统的复杂性增加了。针对每个流的用户定制必须在每个流之间切换。

最好的方法是对每个传输流实施连续监测。当然，对每个流的监测成本要足够低方可施行。

3. 基本传输流内容测试

测量传输流的内容在传输链的许多环节都非常有用，尤其是在前端被改动时。

DVB ETR290 技术规范对应该执行的一整套基本参数做了详尽说明，通常还需要一些附加条件，理由是：一个根本没有服务信号的空 PAT 传输流可能被视为“良好”，实际上，对于电视中心来说，流的内容可能是灾难；某一特殊成分的比特率可能有明显的跌落，但由于 ETR290 技术规范对比特率无任何限制，有可能监测不到错误。

解决方案是引入基于模板的测试，例如：“如果 ID4 服务在系统中不再有信号响应，就产生一个报警。”在许多情况下，比特率的测量都很重要。不同的内容提供商必须在单个传输流上分享带宽的情况下，对于来自内容提供商的信号，合同中一般都规定了最大比特率。对于监测系统来说，记录比特率的超限就非常重要。这个记录对于解决电视中心和内容提供商之间的“比特率争议”来说会是有用的。

4. 内部报警记录

报警记录有两种位置：在中央的顶级管理系统和在本地的每个传输流监视器。后者应能在本地记录和存储事件，这将为每一个随时可按命令调用的流提供完整而持续的记录。

通常这两种方法都应使用，这有多方面原因：如果监视器数量过多，朝向顶级系统的通信可能变得非常拥挤。此外，为顶级监管系统提供的简单网络管理协议（SNMP）俘获信息可能丢失，这会产生一个不完整的记录。

5. 射频与调制测量

在现场测量验证发射机运作是否正常，这一点十分重要。ETR290技术规范指定了一套针对传输的测量。在DVB—C系统中，对于生成报警来说，可能最重要的参数是误码率（BER）。

BER参数应该被持续监测，并能设置生成报警的阈值。这将使电视中心了解信号“离崩溃还有多远”。

6. 监测阈值的适应性

没有两个传输流是等同的；而如果启动所有测试，通常总会生成某种报警。在鉴定一套新系统时，可以报告这些错误。但在实际的系统中，应该使用其他阈值。

传输流监测设备应当是对于特定的流可配置的，以便“量体裁衣”。另一种情形是桌面重复率：如果PMT重复率只有ETR290设定值的一半，解码器将不予理睬。

针对每个传输流按用户需求定制，其工作量可能很大。因此，对于设备来说，提供完整的调用和下载配置方法十分有用。在设备改变或在传输流之间切换的情形下，操作者可以容易的快速恢复先前的配置。

7. 用户界面

一方面要检测传输流的异常情况；另一方面要将问题向用户表述准确。

假设一个信息单元在传输流中突然丢失，指出错误可有多种方式。一种方法是在ETR290测试中使用常见的“正常／出错”显示，但此时我们无法判断什么服务受到影响。另一种办法是将其与服务相关联。使用后一种方法，操作者能立即看到哪一个服务受到包丢失问题的影响。通过扩展一棵“报警树”，操作者能够“近镜头”观察到问题内部，看到是PID 257（PMT PID）代表了所选出服务遭受包丢失。

8. 远程控制

对于传输流监视器来说，远程访问功能往往很关键，因为监测设备可能要监测很远站点的数据流。

TCP / IP 协议是远程控制“既成事实”的标准，监测系统必须支持这一协议。该协议涵盖了光纤网、本地以太网甚至电话拨号网等各种传输媒介。

对于传输流监视器的访问，需要在一个外部终端运行一个客户程序。使用 WEB 浏览器作为客户终端是很有用的，任何与 Modem 相连接的 PC，都可以通过 WEB 浏览器与设备进行通讯。当监测多个设备时，需要一个外部管理系统。在这种情况下，可以用 SNMP 报告来自设备的报警。

9. 远程内容提取

设想这样一种情形：一个安静的夜晚，在网络运营中心，系统报告一切正常，没有错误。突然收到某个区域电视观众的几个电话，投诉在接收 DVB—C 信号时“没有图像”或其他问题。在此情况下，电视中心能够接收区域信号来检查“解码能力”并实施其他的诊断，这是一个很有创意的特征。监测设备能够在此情况下提取内容，并把它通过一个 TCP / IP 网络传回运营中心。

如果 TCP / IP 网络带宽允许，可以传送“原始数据”。如果使用的是一条低带宽链路，则必须将视频内容转换为一个适当的格式。例如，从视频流中提取一些小块的图像，并有规律地发回，以验证是否可以对视频图像正常解码。

(四) 顶级监管系统

监测点的数量很大时，通常要使用一个顶级监管系统收集所有报警。

1. 基本特征

可监测传输流监视器，也可以监测传输链上的其他设备。总是使用SNMP作为状态轮检和报警记录的协议。

顶级监管系统应该有助于操作者快速找到出错的位置。一旦接收到报警，系统应能发送信息到记录仪、E-mail信箱和移动电话。对报警做出记录，以便事后调用，这是另一个本质特性。

2. 报警的相关性

大型监测系统所面临的一个挑战是，如何做到让一个错误只产生一定次数的报警？否则，一个重要事件可能会被其他不太重要的报警所掩盖。

因此，每台设备应具备基本的智能，应免去各环节不重要的检查，以免产生不必要的报警；顶级系统应与报警相关联。

在一个传输链中，当一个信号在几个点受到监测时，可根据需要做出一个方案。如果在传输链的前部有一个传输环节中断，其后所有监视器都将报告错误。

在此情形下，顶级监理系统应与报警相关联，以便找出问题的起源。其他报警应被理解为第一个报警的后果。

DVB-C有线网通常只在压缩前端需要图像质量分析仪和其他专用设备。至于网络中的其他位置，需要的是灵活、高性价比的传输流监视器。

此外，传输流监视器应能与一个顶级网络监管系统通信，该监管系统除了能收集传输链上其他设备的报警外，还能收集来自大量监测设备的报警。该顶级系统应能对众多的监测设备进行管理，并能将网络图形化地呈现在用户界面上。

把注意力集中在重要参数上，电视中心就能够掌握其网络的服务质量。

四、数字电视显示技术

模拟电视过渡到数字高清晰度电视是一个必然的趋势。这就对显示器件提出了要求：能够显示多屏幕图像，无几何畸变，全平面聚焦；显示屏幕不小于50英寸；纯平面屏幕，薄型显示器；图像质量优于CRT；必须是自发光型；彩色再现优于CRT；生产成本低于CRT。

目前已出现DLP背投、液晶、彩色等离子、有机EL等新型数字显示高端产品，均有可能成为未来的主流显示器件。

（一）显像管显示器件

CRT又称显像管显示器件。CRT作为当前使用最普遍的显示器件在画面清晰度、亮度、显示速度、对比度、彩色还原质量等方面暂时具有独一无二的优势。

CRT是一种电真空显示器件。它主要由电子枪、偏转系统和荧光屏三部分组成。

CRT技术虽然已趋成熟，但仍在继续发展，如屏幕超大尺寸及全平面化，工作特性向高亮度及对比度综合BCP发展。50英寸的大屏幕CRT点距已达到0.63mm，以支持1920×1080像素的HDTV显示需求。

尽管在各种显示器件中，CRT的性能价格比最好，综合性能也最佳，但是CRT的缺点也是显而易见的。首先CRT固有的物理结构限制了它向更广的显示领域发展；其次CRT不仅体积和耗电量大，辐射问题也一直困惑着使用者。

（二）FED 显示器件

FED（场致发射显示器）的原理就是将 CRT 的电子枪前移，直到荧光粉的背后。这种技术的实现是通过在每个像素后加上很多微小的电子发射器，使其在整个屏幕上布满几千万个的发射器，当接通电源时，电子就直接激发需要发光的荧光粉，使荧光粉发光。FED 的最大优点在于使用发射技术，整个显示器件的厚度不到 10cm，却具有极佳的可视角度。但 FED 需要的电量很大，制造过程比设想的困难，尺寸也受到限制，目前最大只能做到 19 英寸。

（三）DLP 背投影显示器件

在投影显示设备中，按其投影方式分为正投影（Front Projection）和背投影（Rear Projection）两种。正投影最直接的应用就是投影机。而背投的原理是将投影机安装在机身内的底部，把信号经过反射投射到半透明的屏幕上显像。根据其中使用的投影机种类，背投可以分为 LCD 背投（液晶显示）和 DLP 背投（数字光学处理器）两种。

由于 LCD 背投具有“太阳效应”（即中心亮、边角暗、图像不均匀），很难再有大的发展。而 DLP 背投是才出现的新型显示产品，具有高清晰度的大屏幕显示功能，代表了未来背投技术的发展方向。

DLP 背投显示的核心是在背投原理的基础上加入数字光学处理技术芯片，是投影和显示技术上的一项革命性创新。简单来说，较之以前的 LCD 投影技术，DLP 投影技术抛弃了传统意义上的光学会聚，可以随意变焦点，调整起来十分方便，而且其光学路径相当简单，体积更小。DLP 投影机的核心部件是 DMD 芯片。它是一个覆盖着微小金属镜的芯片，其中包含上百万个组合式反射微镜，每个微镜代表一个像素。这种显示面板的优点之一是响应时间极短。DLP 投影技术也称为反射式投影技术。这种投影机所产生的图像非常明亮，图像色彩准确且精细。

DLP 的特点是只能接收数字信号，同时，任何隔行视频信号也将通过插值处理转换为逐行视频信号，即通过视频处理后，输入的信号就成为红色、绿色和蓝色 3 种信号数据，就能够用数字的方法精确地重现图案的灰度和色彩，在显示效果上，也就没有了聚焦失真和显像管的刺眼感觉。同时，背投屏幕经过特殊设计，更能均匀地显示图像，有效地遏制亮斑效应，色晕、色移现象，实现真正的高亮度、高对比度、宽视角显示。此外，背投式显示系统采用的是封闭的投射光路，完全避免了外界光线的干扰，使显示图像更加艳丽逼真。最后，DLP 背投采用全数字处理，也就没有必要采用高压扫描电路，避免了图像的闪烁，使图像显示更加稳定。

DLP 价格比 LCD 背投昂贵。当仔细观察屏幕上移动的点的时候，尤其是在黑色背景上的自点，会发现采用逐场过滤方式的图像会分解为不同的颜色。在应用中，电机带动色轮旋转时会发出一定的噪音，现在一种新的固态滤色系统可以较好地解决这个问题。

（四）液晶显示器件

液晶显示器件又称 LCD。LCD 具有超薄，超轻，无闪烁，高精度画质，强光下可读性好，不易损坏，耗电量低，无辐射等优点。LCD 的中小型产品主要应用于手机、PDA、数字相机、摄影机等显示屏，LCD 的中大型产品主要应用于电视和计算机显示器等。LCD 是用有机液体制成的。有机液体具有液体的流动性和晶体的各向异性，其分子按一定的规律整齐排列，当其加上电场时，分子的排列被打乱，改变了它的光学特性，从而可以在屏幕上显示出图像。实际使用的彩色 LCD，除了偏振玻璃，还有其他多层的薄膜以及组件，包括极化偏振玻璃、各种极化电极、数据传输电极、有色过滤玻璃层、液晶原料等。

LCD 按照控制方式不同可分为被动矩阵驱动型 PM—LCD 及主动矩阵驱动型 AM—LCD 两种。

为了提高像素反应速度，最新技术的 LCD 采用 Si TFT 液晶显示方式，把原有的非结晶型透明硅电极，在以平常速率 600 倍的速度下进行移动，大大加快了液晶屏幕的像素反应速度，减少了画面出现的延缓现象，具有比旧式 LCD 快 600 倍的像素反应速度。同时利用色滤光镜制作工艺创造出色彩斑斓的画面，即在色滤光镜本体还未制作成型以前，就把构成其主体的材料加以染色，然后再灌膜制造。同其他普通的 LCD 显示屏相比，用这种工艺制造出来的 LCD 无论从解析度、色彩特性还是从使用寿命来说，都具有非常优异的性能。

作为显示器件顶尖产品的 LCD 与 CRT 相比，没有辐射，对人体健康无损害；完全平面，无闪烁，无失真；可视面积大，又薄又轻；款式新颖多样；抗干扰能力强。但是 LCD 的价格在显示器件家族中可谓“高高在上”；其次是可视偏转角度过小，现在的 LCD 可视偏转角度虽然达到 140。左右，对于个人使用来说是够了，但如果几个人同时观看，失真的问题就显现出来了；再次是响应时间。响应时间是指 LCD 各像素点对输入信号反应的速度，它是 LCD 的一个特殊指标，响应时间短，显示运动画面时就不会产生影像拖尾的现象。目前 LCD 的响应时间与以前相比已经有了很大的突破，一般为30ms左右；最后是液晶的坏像素问题，LCD的每一个像素都十分细小，常常会造成个别像素损坏的现象，这是无法维修的，只有更换整个显示屏，而更换的价格往往十分昂贵。

（五）等离子显示器件

等离子显示器件PDP。PDP与CRT和LCD相比较，它具有分辨率高、屏幕大、超薄、色彩丰富鲜艳的优势。仅从图像显示上看，PDP显示有亮度高、色彩还原性好、灰度丰富、对迅速变化的画面响应速度快等优点。

其工作原理是：密封在两块平板玻璃中的气体通电后，其电子得到足够的能量被电离而脱离原子。这种脱离了原子的电子具有较大的动能，以较高的速度在封装的气体中运动，在运动过程中撞击其他中性粒子而使更多的中性粒子电离。在大量中性粒子不断电离的同时，两个带电粒子会复合成中性粒子，这时，电子的能量以紫外光的形式释放，投射到涂有按照红、绿、蓝柱状排列的荧光材料的面板背面。荧光材料被激发后的光线传过屏幕显示出各种影像。由于PDP的结构简单，可采用厚膜技术，容易实现大画面，而且比LCD视角广、亮度高、彩色鲜明、没有几何失真。

PDP可分为交流电型PDP（AC—PDP）和直流电型PDP（DC—PDP）两种。目前，彩色交流PDP技术已成熟，以彩色AC—PDP作为显示器件的电视已实现商品化。彩色DC—PDP技术也日臻成熟。与AC—PDP相比，DC—PDP在寿命、亮度、工作效率等方面均逊于AC—PDP，其屏结构也较AC—PDP复杂，因而成本也高于前者，所以使用范围不如前者广泛。

PDP的主要缺点是功耗大、亮度和光效低、在工作时会发生像素间串扰等。另外，它的使用寿命较短，其额定寿命一般为10000h，即连续使用13个月左右后其亮度就会因为荧光粉的老化而降低一半。新的设计虽然可以使它的寿命接近CRT，增加到20000~30000h，但是这种显示技术并不节电，并且价格昂贵。另外，PDP的彩色再现能力逊于CRT。

尽管如此，PDP在大屏幕显示领域中的优越性和应用潜力吸引了世界上许多知名的厂商投入大量的人力、物力与财力去研制、开发、生产PDP产品，使PDP的性能不断提高。其发展的方向是改进彩色、灰度，延长寿命，降低材料和制造成本，推动规模化生产，进一步降低电路与显示板价格。

PDP本身卓越的显示效果也决定了它未来能够迅速发展起来，成为大尺寸CRT的强有力竞争者，但成为未来主流显示产品还需要较长的一段时间。

（六）有机EL显示器件

有机EL显示器件（有机电致发光显示器）又称为OLED（有机发光二极管）。

有机EL显示器件自1987年以来得到了迅速的发展，其发光原理是：当通过阳极和阴极把直流电压施加到有机发光层时，空穴从阳极注入，电子从阴极注入，有机发光层伴随着空穴和电子在有机发光层内重新互相结合并产生能量而发出可见光。

有机EL显示器件是利用有机高分子和小分子材料发光的，不仅柔软性好可以弯曲，是一种全固态器件，而且它是一种自发光器件，亮度高，发光效率高，采用直流低压驱动，功耗较低，其响应速度也相当快，可以达到LCD的1000倍以上。

有机 EL 显示器件具有很多优点，其中最重要的一点是疵点对质量的影响很小，因此用于保持超净环境的成本将大大降低，如果在制造成本上的优势得以体现，这种技术将可以和大尺寸的 LCD 和 PDP 在超薄电视市场进行竞争。

具有这些优点的有机 EL 显示器件正在移动设备（如汽车视频系统和移动电话）上开始应用。作为未来的显示器件，许多人对有机 EL 显示器件寄予厚望。

第二节　数字音频广播 CDR 技术

数字广播已经不是传统意义上的纯音频广播，他不仅可以传送声音，还可以传送图像和文字，因此它涵盖了音频广播和多媒体广播。

一、数字音频广播制式

（1）DAB，DAB+，是 Digital Audio Broadcasting 的缩写，中文意为数字音频广播，主要用于欧洲的广播系统。

（2）DRM，DRM+，是 Digital Radio Mondiale 的缩写，中文意为数字调制广播，当初主要想应用于中、短波广播中，北美，欧洲都用，现在也有可能用于 FM 广播。

（3）HD Radio——IBOC，主要用于北美的广播系统。

（4）ISDB-T，只有日本采用。

（5）其他类型，如 FMeXtra，Compatible AM—Digital（CAM—D）等。

粗略地分，DAB 是 30MHz 以上的广播，DRM 是 30MHz 以下的广播。它们使用不同频段的频率资源，发展与应用没有任何冲突。

具体来说，DAB 的工作频率范围是 47MHz ~ 3GHz，地面广播最佳的工作频段是现今已被 FM 广播占用的 87 ~ 108 MHz 频段。等到 DAB 发展到一定的程度，模拟 FM 广播退役以后，目前地面大多数 DAB 电台都要搬迁到 87 ~ 108 MHz 的频段工作。DRM 的工作频段与现今的模拟 AM 长、中、短波广播完全相同。

二、CDR 技术

2007 年底，国家广电总局组织相关单位开展了自主知识产权的调频数字音频广播系统 CDR(china Digital Radio) / dFM 研究。

CDR 作为我国广播电视数字化过程的一个重要组成部分，是广播数字化的发展方向，迄今为止已申请国家发明专利 20 余项并研究制定了相关标准。如：信道传输标准 GY / T 268.1—2013、复用标准 GY / T 268.2—2013、DRA+、编码器、复用器、激励器、发射机、测试接收机标准 GDJ 058—2014—GDJ 063.2014 等。

(一) CDR 系统的主要特点

(1) 系统传输方案针对调频和中波调幅进行了优化，有多种传输模式。

(2) 频谱配置结构灵活。HD Radio 是把数字技术放在调频或调幅两边，CDR: 是很灵活的，可以找到很好的频点。

(3) 设定三种不同传输模式的应用场景。大面积的单频网覆盖，一个发射机可以覆盖几十公里的范围；高速移动接收，如时速 300 公里以上高铁上的接收；高数据率传输，可以在频点上传输更高的数据量。

(4) 采用更高效的信道编码算法（LDPC）。

(5) 支持逐步演进的系统架构。

(6) 信源编码算法（DRA）具有自主知识产权。

(二) CDR 系统发射端的组成

CDR 系统发射端有信源、信源编码、信道编码、OFDM 调制、逻辑成帧、子帧分配、物理成帧、射频调制和放大等几部分组成。

第三节　国家应急广播系统

应急广播系统是指当发生重大自然灾害、突发事件、公共卫生与社会安全等突发公共危机时，造成或者可能造成重大人员伤亡、财产损失、生态环境破坏与严重社会危害，危及公共安全时，可提供一种迅速、快捷的信息传输通道，可使人民群众的生命财产损失降到最低限度的电子和网络系统。2013 年 12 月 3 日国家应急广播中心正式挂牌，有关部门也正在抓紧制定应急广播的技术规范和标准。

一、国外的应急广播

(一) 美国的应急广播体系

美国有一套完整的应急广播体系，有较规范和严格的操作流程。其技术特点为：覆盖面广，技术结构简单，单向传输，双信源输入，可靠性高。

(二) 日本的应急广播体系

日本的应急广播体系较为先进和完备，于 1985 年开始建立

“紧急报警系统（EWBS），通过广播、电视来发送紧急信息。该系统依托日本广播放送协会（NHK），由国家级、地区级和市级三层组成，链接全国各广播电台、电视台、有线电视系统、地面数字广播、数字卫星广播和移动广播系统，按照紧急事件的级别和发生区域向指定地区公众迅速发布报警信息。其技术特点：紧急预警信息在电台和电视台自动生成，新闻中心随时准备播报灾害相关新闻，调用各类信号；传输网络分级分区域控制；终端具有自动唤醒功能。

二、我国的应急广播体系建设

（一）应急广播体系建设的目标和原则

我国的应急广播体系目前还没有统一的建设模式，部分地区的应急广播系统也是由各地方政府自行建设，缺少统一的协调和管理。所以，目前建设的应急广播体系应该本着统筹多种广播技术手段，构建覆盖广泛，手段多样，上下贯通，统一联动，快速高效，安全可靠的国家应急广播体系，实现应急广播分类型、分级别、分区域、分人群的有效传播。下面，具体地介绍几个原则：

（1）注重顶层设计，以实现全国联网，减少重复投资。

（2）立足现状，适度超前，让今天的投资明天同样可以发挥作用。

（3）综合规划，协调推进，充分发挥各种手段的作用。

（4）平战结合，提前部署，建立较为合理的运营管理系统，实现效益的最大化。

（二）应急广播体系的技术思路

（1）制作播发：制作和生产应急广播节目和信息，发布应急广播指令。

（2）调度分发：产生应急广播节目信息，生成资源调度方案，发送至传输覆盖网。

（3）传输覆盖：接收验证，适配封装，自动切换，播出插入。

（4）终端接收：接收应急广播的音频节目和应急广播的文本信息。

（三）国家应急广播平台的组成

国家层面的主要有两个平台——信息制作平台、调度控制平台，以及一个覆盖全国的传输覆盖网。每个平台下面由更多的子平台有机地组合而成，包括传输覆盖网也是如此。

关于应急广播的技术流程。在这个系统中最高层是国家应急部门。它通过国家应急发布平台、国家应急广播中心以卫星平台直播、各地广播电台（电视台）转播以及手机电视的方式将信息发布到各受众。

各级地方也应该建立符合相应级别和要求的应急广播平台，与上一级地方应急广播平台或是国家应急广播平台相衔接。在应急情况下，地方应急广播平台可将本辖区制作的应急广播节目、应急信息和调度控制指令，送往上一级应急广播平台，可申请上一级应急广播平台使用可覆盖本辖区的相关应急广播设施进行应急信息发布，启动权限由国家应急广播条例规定。

国家和地方各级应急广播平台应急信息的发布方案有中短波、调频广播应急发布方案；数字音频广播（DAB）应急发布方案；移动多媒体广播（CMMB）应急发布方案。

第四节　大数据技术

大数据技术能够同时获取、处理、编辑、存储和展示文字、声音、影像、图形等不同媒体，同时它具有多样性、集成性和交互性等特点。由于传媒业所要应用和处理的信息量越来越大，呈几何级数增长之势；尤其对于电视传媒，其海量信息的存储处理和对时效性的要求，将使多媒体大数据技术在其中扮演重要的角色。

一、大数据的基本概念

（一）什么是大数据

大数据又称数据库。当人们从不同的角度来描述这一概念时有不同的定义。例如，称数据库是一个“记录保存系统”（该定义强调了数据库是若干记录的集合）。又如称数据库是“人们为解决特定的任务，以一定的组织方式存储在一起的相关的数据的集合”（该定义侧重于数据的组织）。也有形象地称数据库是“一个数据仓库”。一般地说，数据库是“按照数据结构来组织、存储和管理数据的仓库”。

J. Martin给数据库下了一个比较完整的定义：数据库是存储在一起的相关数据的集合，这些数据是结构化的，无有害的或不必要的冗余，并为多种应用服务；数据的存储独立于使用它的程序；对数据库插入新数据，修改和检索原有数据均能按一种公用的和可控制的方式进行。当某个系统中存在结构上完全分开的若干个数据库时，则该系统包含一个“数据库集合”。

（二）数据库结构与数据库种类

所谓数据结构是指数据的组织形式或数据之间的联系。如果用 D 表示数据，用 R 表示数据对象之间存在的关系集合，则将 DS=（D，R）称为数据结构。例如，设有一个电话号码簿，它记录了 n 个人的名字和相应的电话号码。为了方便地查找某人的电话号码，将人名和号码按字典顺序排列，并在名字的后面跟随着对应的电话号码。这样，若要查找某人的电话号码（假定他的名字的第一个字母是 Y），那么只需查找以 Y 开头的那些名字就可以了。该例中，数据的集合 D 就是人名和电话号码，它们之间的联系 R 就是按字典顺序的排列，其相应的数据结构就是 DS=（D，R），即一个数组。

数据库通常分为层次式数据库、网络式数据库和关系式数据库三种。而不同的数据库是按不同的数据结构来联系和组织的。

二、多媒体数据库

多媒体数据库在数据对象、数据类型、数据结构、数据模型、应用对象以及处理方式上都与传统数据库有较大差异，它存储处理的是现实世界中复杂的多媒体表现形式，包括动态的视频；它面向应用，强调媒体间的独立性，重视媒体对象的物理表现和交互方式。

（一）多媒体数据模型

多媒体数据模型主要采用文件系统管理方式、扩充关系数据库的方式和面向对象数据库的方式。

1. 文件系统管理方式

多媒体资料是以文件的形式在计算机上存储的，所以用各种操作系统的文件管理功能就可以实现存储管理。Windows 的文件管理器或资源管理器不仅能实现文件的存储管理，而且还能实现有些图文资料的修改．演播一些影像资料。为了方便用户浏览多媒体资料，出现很多的图形、图像浏览工具软件。有些在操作系统下的浏览软件还和资源管理器结合起来，如 ACDSee 工具软件不仅可浏览 BMP、GIF、JPEG、PCX、Photo-CD、PNG、TGA、TIFF 和 WMF 格式的图像，而且还具备资源管理器的查询、删除、复制等功能。如多功能影像处理及管理软件 Image Pals 提供了电子相簿（Album)、影像编辑（Image Editor）和屏幕捕捉（Screen Capture）等功能，此外还具有视窗及 CD 浏览器等。电子相簿

（Album）是一个很具特色的应用程序，能对文件进行迅速、可视性的管理。文件系统方式存储简单，当多媒体资料较少时，浏览查询还能接受，但演播的资料格式受到限制，最主要的是当多媒体资料的数量和种类相当多时，查询和演播就不方便了。

2. 扩充关系数据库的方式

数据库的出现是为了解决文件管理数据的不足，同样，为了解决管理海量的多媒体数据，人们很容易地会想到使用数据库。传统的关系数据模型建立在严格的关系代数的基础上的，解决了数据管理的许多问题，目前基于关系模型的数据库管理系统仍然是主流技术。但是平坦化的数据类型不适于表达复杂的多媒体信息，文本、声音、图像这些非格式化的数据是关系模型无法处理的；简单化的关系也会破坏媒体实体的复杂联系，丰富的语义性超过了关系模型的表示能力。出于保护原有投资和市场的考虑，全球几家大的数据库公司都已将原有的关系数据库产品加以扩充，使之在一定程度上能支持多媒体的应用。用关系数据库存储多媒体资料的方法一般是以下几种。

(1) 用专用字段存放全部多媒体文件。

(2) 多媒体资料分段存放在不同的字段中，播放时再重新构建。

(3) 文件系统与数据库相结合，多媒体资料以文件系统存放，用关系数据库存放媒体类型、应用程序名、媒体属性、关键词等。

3. 面向对象数据库的方式

关系数据库在事物管理方面获得了巨大的成功，它主要是处理格式化的数据及文本信息。由于多媒体信息是非格式化的数据，多媒体数据具有对象复杂、存储分散和时空同步等特点，所以尽管关系数据库非常简单有效，但用其管理多媒体资料仍不太尽如人意。

而面向对象数据库是指对象的集合、对象的行为、状态和联系是以面向数据模型来定义的。面向对象的概念是新一代数据库应用所需的强有力的数据模型的良好基础。面向对象的方法最适合于描述复杂对象，通过引入封装、继承、对象、类等概念，可以有效地描述各种对象及其内部结构和联系。

多媒体资料可以自然地用面向对象方法描述，面向对象数据库的复杂对象管理能力正好对处理非格式多媒体数据有益；根据对象的标识符的导航存取能力有利于对相关信息的快速存取；封装和面向对象编程概念又为高效软件的开发提供了支持。面向对象数据库方法是将面向对象程序设计语言与数据库技术有机地结合起来，是开发多媒体数据库系统的主要方向。

为高效管理多媒体数据，基于关系数据库的应用系统逐渐演变到多媒体数据库管理系统用面向对象的概念扩充关系数据库。用面向对象的高级语言扩展基本关系类型，使其支持复杂对象，并对关系模型提供的操作加以扩充，利用关系数据库的优势管理多媒体资料。

（二）数据的压缩和解压缩

用于多媒体信息，如声音、图像的压缩标准目前国际上有：JPEG（Joint Photographic Experts Group），是由国际标准化组织（ISO）和国际电报电话咨询委员会（CCITT）联合制定的，适合于连续色调、多级灰度、彩色或单色静止图像的国际标准；MPEG（Moving Picture Experts Group），是 IS0 / IEC 委员会的第 11172 号标准草案，包括 MPEG 视频、MPEG 音频和 MPEG 系统三部分。MPEG 要考虑到音频和视频的同步，联合压缩后产生一个电视质量的视频和音频、压缩形式的位速为 1.5Mbps 的单一流；P × 64，是 CCITT 的 H.261 号建议，P 为可变参数，取值范围是 1 ~ 30。该标准的目标是可视电话和电视会议，它可以覆盖整个 ISDN（综合业务数字网）信道。当 P=1 或 2 时，只支持每秒帧数较少的视频电话，P>6 时可支持电视会议；P × 64 标准和 MPEG 标准的数据压缩技术有许多共同之处，但 P × 64 标准是为适应各种通道容量的传输，而 MPEG 标准是用狭窄的频带实现高质量的图像画面和高保真的声音传送。

（三）多媒体数据的存储管理和存取方法

如何有效地按照多媒体数据的特性去存取多媒体数据呢？利用常规关系数据库管理系统来管理多媒体数据已经不能适应了，基于内容的多媒体信息检索研究应运而生。它支持其他多媒体信息技术，如超媒体技术、虚拟现实技术、多媒体通信网络技术等。多媒体内容的处理分为三大部分：内容获取、内容描述和内容操纵。也可将其看成是内容处理的三个步骤，即先对原始媒体进行处理，提取内容，然后用标准形式对它们进行描述，以支持各种内容的操纵。

1. 内容获取

通过对各种内容的分析和处理而获得媒体内容的过程。多媒体数据具有时空特性，内容的一个重要成分是空间和时间结构。内容的结构化（structuring）就是分割（segmenting）出图像对象、视频的时间结构、运动对象，以及这些对象之间的关系。特征抽取（extraction）就是提取显著的区分特征和人的视觉（visual）、听觉（auditory）方面的感知特征来表示媒体和媒体对象的性质。

2. 内容描述

描述在以上过程中获取的内容。目前，MPEG—7 专家组正在制定多媒体内容描述标准。该标准主要采用描述子（descriptor）和描述模式（scheme）来分别描述媒体的特性及其关系。

3. 内容操纵

针对内容的用户操作和应用。有许多这方面的名词和术语。查询（query）是面向用户的术语，多用于数据库操作。检索（retrieval）是在索引（index）支持下的快速信息获取方式。搜索（search）常用于 Internet 的搜索引擎，含有搜寻的意思，又有在大规模信息库中搜寻信息的含义。

摘要（summarization，excerpt）对多媒体中的时基媒体（如视频和音频）是一种特殊的操作。我们熟知文献摘要的含义，在内容技术支持下，也可以对视频和音频媒体进行摘要，获得一目了然的全局视图和概要。同样，用户可以通过浏览（browsing）操作，线性或非线性地存取结构化的内容。另外，基于内容的技术不仅仅用在多媒体信息的检索和搜索方面，检索仅仅是信息存取的一个方面。过滤（filtering）就是与检索相反的一种信息存取方式。用过滤技术可以实现个人化的信息服务。

三、其他数据库新技术

（一）分布式数据库技术

分布式数据库系统是在集中式数据库系统的基础上发展起来的，是数据库技术与计算机网络技术的产物。分布式数据库系统是具有管理分布数据库功能的计算机系统。一个分布式数据库是由分布于计算机网络上的多个逻辑相关的数据库组成的集合，网络中的每个结（一般在系统中的每一台计算机称为结点 node）具有独立处理的能力（称为本地自治），可执行局部应用，同时，每个结点通过网络通信系统也能执行全局应用。所谓局部应用即仅对本结点的数据库执行某些应用。所谓全局应用（或分布应用）是指对两个以上结点的数据库执行某些应用。支持全局应用的系统才能称为分布式数据库系统。对用户来说，一个分布式数据库系统从逻辑上看如同集中式数据库系统一样，用户可在任何一个场地执行全局应用。分布式数据库具有如下特点。

（1）本地自治（local autonomy）；不依靠一个中心站点。

（2）能连续操作；它也是数据库技术的一个发展方向。

（二）主动数据库

数据库技术和人工智能技术相结合产生了主动数据库（active database）。它是相对传统数据库的被动性而言的，能根据应用系统的当前状况，主动适时地做出反应，执行某些操作向用户提供相关信息。

主动数据库强调主动性、快速性和智能性，其主要目标是提供对紧急情况的及时反应能力，同时提高数据库管理系统的模块化程度。通常采用的方法是在数据库系统中嵌入 ECA（事件—条件—动作）规则，设置触发器，在某一事件发生时引发数据库管理系统检测数据库当前状态，只要条件满足，就触发规定动作的执行。

第五节　虚拟现实技术

虚拟现实技术是20世纪末兴起的一门崭新的综合性信息技术。由于它生成的环境是类似现实的、逼真的，人机交互和谐友好，将改观传统的人机交互现状，成为新一代高级的用户界面。虚拟现实有着广泛的应用领域和交叉领域。尤其是在大众传媒中有着重要的应用。

一、虚拟现实技术的概念

虚拟现实（virtual reality）技术，简称VR技术，是由美国VPL公司创建人拉尼尔（Jaron Lanier）在20世纪80年代初提出的，也称灵境技术或人工环境。

虚拟现实是计算机和用户之间的一种理想化的人机界面形式，与传统的人操作计算机模式相比，虚拟现实系统让用户置身于一个虚拟的真实环境当中，为用户带来了身临其境的想象空间，用户通过传感设备对该虚拟环境中的物体进行操作，充分体验到了人—机之间的交互性。

作为科技发展的顶尖技术之一，虚拟现实融合了计算机图形技术、计算机仿真技术、人工智能、传感技术、显示技术、网络等多种技术发展成果于一体，是一种由计算机生成的高技术模拟系统。借助于计算机技术及硬件设备，实现人们可以通过视觉、听觉、嗅觉以及触觉等多维信息通道获取信息的下一代高级用户界面。

二、虚拟现实技术的主要特征

（一）交互性

交互性（interactivity）是指用户对模拟环境内物体的可操作程度和从环境得到反馈的自然程度（包括实时性）。虚拟现实系统是一个开放的动态系统，用户可以采用控制和监控手段对系统进行操作。

使用者通过使用专门输入和输出设备，用人类的自然技能实现对模拟环境的考察与操作。虚拟现实系统中的人机交互是一种近乎自然的交互，使用者不仅可以利用电脑键盘、鼠标进行交互，而且能够通过特殊头盔、数据手套等传感设备进行交互。计算机能根据使用者的头、手、眼、语言及身体的运动，来调整系统呈现的图像及声音。使用者通过自身的语言、身体运动或动作等自然技能，就能对虚拟环境中的对象进行考察或操作。虚拟现实与通常 CAD 系统所产生的模型是不一样的，它不是一个静态的世界，而是一个开放的环境，它可以对用户的输入（如手势，语言命令）做出响应。例如用户可以用手去直接抓取和移动模拟环境中的物体，不仅有抓东西的感觉，还能感到物体的重量；用户可以在现实中一样拿起一把虚拟的火炬，并在虚拟环境中打开开关点燃它等。虚拟现实技术将从根本上改变人与计算机系统的交互方式。

（二）沉浸感

沉浸感（Illusion of Immersion）是虚拟现实最主要的技术特征，它是指参与者在纯自然的状态下，借助交互设备和自身的感、知觉系统，对虚拟环境的投入程度。虚拟现实是通过计算机生成一个非常逼真的足以“迷惑”人类感知的虚幻世界，导致用户产生了类似于现实世界的存在意识或幻觉。人们不仅可以通过视觉和听觉，还可以通过嗅觉和触觉多维地感受到虚拟世界中所发生的一切，它们看上去是真的、听起来是真的、动起来也是真的。使用者与虚拟环境中的各种对象的相互作用，就如同在现实世界中的一样。这种感觉是如此的逼真，以至于人们能全方位地沉浸其中。当然，这也正是虚拟现实技术追求的终极目标：力图使用户全身心地投入到计算机所创建的三维虚拟环境中，成为虚拟环境中的一个部分，处于身临其境的感觉状态，而不仅仅是旁观者。

（三）构想性

构想性（imagination）是指借助虚拟现实技术，使抽象概念具象化的程度。强调虚拟现实技术应具有广阔的可想象空间，可拓宽人类认知范围，不仅可再现真实存在的环境，也可以随意构想客观不存在的甚至是不可能发生的环境。虚拟现实不仅仅是一个媒体，一个高级用户界面，它是为解决许多方面的现实问题而由开发者设计出来的应用软件，它以夸大的形式反映了设计者的思想，比如在建造一座现代化的大厦之前，要对其结构做细致的构思。然而许多量化的设计图纸的读者只能是极少数的内行人，而虚拟现实则可以用别样方式同样反映出设计者的构思，只不过它的功能远比那些呆板的图纸生动和强大得多。所以某些国外学者称虚拟现实为放大人们心灵的工具，或人工现实（artificial reality）。

（四）多感知性

多感知（multi-sensory）是指虚拟现实系统能提供的感觉通道和获取信息的广度和深度。虚拟现实旨在提供多维感觉通道和类似现实的全面的信息，除了一般计算机技术所具有的视觉感知之外，还有听觉感知、力觉感知、触觉感知、运动感知，甚至包括味觉感知、嗅觉感知等，从而达到身临其境的感受。理想的虚拟现实技术应该具有一切人所具有的感知功能。由于相关技术，特别是传感技术的限制，目前虚拟现实技术所具有的感知功能仅限于视觉、听觉、力觉、触觉、运动等几种。

三、虚拟现实系统的组成

虚拟现实系统的组成部件包括了计算机处理器、应用软件、输入输出设备。但不同类型的虚拟现实系统采用的设备是不一样的，这里我们所指的虚拟现实系统都是沉浸式系统。一般来说，一个完整的虚拟现实系统由虚拟环境、以高性能计算机为核心的虚拟环境处理器、以头盔显示器为核心的视觉系统、以语音识别及声音合成与声音定位为核心的听觉系统、以方位跟踪器及数据手套和数据衣为主体的身体方位姿态跟踪设备，以及味觉、嗅觉、触觉与力觉反馈系统等功能单元构成。

（一）虚拟环境处理器

虚拟环境处理器是虚拟现实系统的核心部件，用于完成虚拟世界的产生和处理功能。输入设备将用户输入的信息传递给虚拟现实系统，并允许用户在虚拟环境中改变自己的位置、视线方向和视野，也允许改变虚拟环境中虚拟物体的位置和方向，而输出设备是由虚拟系统把虚拟环境综合产生的各种感官信息输出给用户，使用户产生一种身临其境的逼真感。

（二）头盔显示器

我们平常在娱乐场所或者展会上看到的虚拟现实系统一般都采用了三维立体眼镜。三维眼镜是用于观看立体游戏、立体电影、仿真效果的计算机装置，是基于页交换模式（pagefilp）的立体眼镜，分有线和无线两种，是目前最为流行和经济适用的虚拟现实观察设备。然而，在应用要求较高的沉浸式系统中，三维眼镜的效果往往不能满足需求，我们一般采用应用较为广泛的头盔显示器，头盔显示器又称数据头盔或数字头盔，是用于跟踪头部运动的虚拟现实头套。我们知道，在传统的计算机图形技术中，视觉方向的改变是通过移动鼠标或键盘来实现的，用户的视觉系统和运动感知系统是分离的，而利用头部跟踪来改变图像的视角，用户的视觉系统和运动感知系统之间就可以联系起来，感觉更逼真。另一个优点是，用户不仅可以通过双目立体视觉去认识环境，而且可以通过头部的运动去观察环境。头盔还可单独连接主机，以接受来自主机的立体或非立体图形信号。

（三）方位跟踪器

方位跟踪器主要用来测量用户的头部或者身体的某个部位的空间位置和角度，一般与其他虚拟现实设备结合使用，如：头盔、立体眼镜、数据手套等，用户在空间上能够自由移动、旋转。目前有六自由度和三自由度两种产品。

（四）数据手套

数据手套是一种多模式的输入设备，通过软件编程，将用户的动作转换为计算机输入信号，如可进行虚拟场景中物体的抓取、移动、旋转等动作，也可以利用它的多模式性，用作一种控制场景漫游的工具。数据手套是 VR 系统常用的人机交互设备，它可测量出手的位置和形状从而实现环境中的虚拟手及其对虚拟物体的操纵。Cyber Glove 通过手指上的弯曲、扭曲传感器和手掌上的弯度、弧度传感器，确定手及关节的位置和方向。数据手套由很轻的弹性材料构成，该弹性材料紧贴在手上，同时附着许多位置、方向传感器和光纤导线，以检测手的运动。光纤可以测量每个手指的弯曲和伸展，而通过光电转换，手指的动作信息可以被计算机识别。

四、虚拟现实系统关键技术

如此神奇的虚拟现实技术的实现是由多种综合性技术来完成的，从系统组成上来看，虚拟现实系统包括检测模块、反馈模块、传感器模块以及建模模块，在系统中，采用的主要技术有：高性能的计算处理技术、模型构建技术、实时三维图形生成技术、立体显示和传感跟踪技术、系统集成技术等。

（一）高性能的计算处理技术

虚拟现实是以计算机技术为核心的现代高新科技，计算机处理技术的高低成为虚拟现实系统性能好坏的决定因素。具有高计算速度、强处理能力、大存储容量和强联网特性等特征的高性能计算处理技术主要包括以下内容：①服务于实物虚化和虚物实化的数据转换和数据预处理；②实时、逼真图形图像生成与显示技术；③多种声音的合成与声音空间化技术；④多维信息数据的融合、数据转换、数据压缩、数据标准化以及数据库的生成；⑤模式识别，如命令识别、语音识别，以及手势和人的面部表情信息的检测、合成和识别；⑥高级计算模型的研究，如专家系统、自组织神经网、遗传算法等；⑦分布式与并行计算，以及高速、大规模的远程网络技术。

（二）模型构建技术

基本模型的构建是应用计算机技术生成虚拟世界的基础，它将真实世界的对象物体在相应的三维虚拟世界中重构，并根据系统需求保存部分物理属性。模型构建首先要建立对象物体的几何模型，确定其空间位置和几何元素的属性。例如，通过 CAD / CAM 或二维图纸构建产品或建筑的三维几何模型；通过 GIS 数据和卫星、遥感或航拍照片构造大型虚拟战场。当几何模型和物理模型很难准确地刻画出真实世界中存在的某些特别对象或现象时，可根据具体的需要采用一些特别的模型构建方法。例如，可以对气象数据进行建模生成虚拟环境的气象情况采用动态环境建模技术，获取与实际环境一样的三维数据，并根据这些三维数据建立所需的虚拟环境模型。同时，我们也可以采用 CAD 技术或非接触式视觉建模技术获取三维数据，两种技术的有效结合，能大大提高获取数据的效率，这项技术也是虚拟环境生成的基础技术。

（三）实时三维图形生成技术

如果有足够准确的模型，又有足够的时间，我们就可以利用计算机生成不同光照条件下各种物体的精确图像，但是这里的关键是实时。实时三维图形生成技术是图像生成的关键，因此，对图像的帧速率要求较高，最好高于 30 帧 / 秒才能保证高质量的实时图像。例如在飞行模拟系统中，图像的刷新相当重要，同时对图像质量的要求也很高，再加上非常复杂的虚拟环境，问题就变得相当困难。

（四）立体显示和传感跟踪技术

虚拟现实的交互功能主要依靠立体显示和传感器技术来实现。用户通过传感装置可以直接对虚拟环境进行操作，并得到实时的三维显示和反馈信息（如触觉、力觉反馈等）。空间跟踪主要是通过 HMD（头盔显示器）、数据手套、数据衣等交互设备上的空间传感器，确定用户的头、手、躯体或其他操作物在虚拟环境中的位置和方向。声音跟踪利用不同声源的声音到达某一特定地点的时间差、相位差、声压差等进行虚拟环境的声音跟踪。视觉跟踪使用从视频摄像机到平面阵列、周围光或者跟踪光在图像投影平面不同时刻和不同位置上的投影，计算被跟踪对象的位置和方向。

（五）系统集成技术

虚拟现实系统的形成采用了大量的感知信息和模型，其中的技术更是纷繁复杂，如何将这些先进复杂的技术有机整合起来，这同样是一个难题，因而，系统的集成技术就显得至关重要。集成技术包括信息同步技术、模型标定技术、数据转换技术、数据管理模型和识别技术等。

五、虚拟现实技术在传媒中的作用

（一）规避现场危险，延伸感觉器官，弥补缺失信息

虚拟现实技术在信息传播过程中可以重构有潜在危险的新闻现场，让受众在虚拟的战争、火灾、水灾、地震、雪崩以及火山喷发等新闻现场切身感受到全息的信息，不仅能看到现场的形色与动态，能和听到现场的声音，还能嗅到现场的气味，能触到现场的质感与分量等。如第二次海湾战争报道中，有的广播电视媒体也初步部分地借用了虚拟现实的手法，分析作战双方的战略战术，在新闻信息传播中获得了普遍的赞誉。

（二）打破时空限制，建立娱乐社区，增强交互功能

虚拟现实提供的是全息的信息感知，媒体可以借助虚拟社区打破时空限制，建立虚拟社区。在这个社区中，不同物理空间

的参与者可以通过交互系统，作为虚拟社区的一员，与其他参与者处于“同一个时空”，大家可以在虚拟的环境中“围坐在圆桌旁”讨论共同的话题，或者参与者在“主持人”的组织下，同时参与一种游戏比赛，如参与者可以在虚拟的环境中进入方程式赛车，与其他的参与者共同驰骋在赛道上，体验比赛过程直到比赛结束。

（三）重构事物原型，夸张表现世界，提供直观体验

对事物进行直观体验，建立直接经验需求在虚拟现实中是很容易实现的。通过交互系统，我们可以超越时空进入虚拟现实的侏罗纪驱车遨游；与恐龙打交道，远可闻其声，近可观其形，甚至可以“走近”性情温和的恐龙，触摸它的肌肤，感觉它的体温，了解它的气味等。对于宏观世界的认识，我们可以乘着虚拟的宇宙飞船进入逼真的虚拟太空，可以像阿波罗号一样来一次完美的登月旅行，也可以在缩小了时空的宇宙中向木星靠近……当然，我们也可以进入放大了的微观世界，在血液循环系统中畅游，甚至可以选择进入红细胞，去探求其中的奥秘。虚拟现实技术可以缩短时间，把需要几十年甚至上百年才能观察的变化过程在很短的时间内呈现出来。例如，生物中的孟德尔遗传定律，用果蝇做实验往往要几个月的时间，而虚拟技术在短短的十几分钟内就可以实现。所有这一切无法亲历的世界却被虚拟现实带到了我们身边，把直观的感受给了我们，把直接的经验奉献给我们，这就是虚拟现实在教育类信息传播中的最重要的贡献。

（四）重现历史事件，再现历史人物，参与历史进程

无所不能的虚拟现实会把我们带入任何历史时代，我们可以和远古的大禹一起翻山越岭去治水，体验治水的艰辛；我们可以在太平盛世的大唐，登上宝殿，与唐王李世民分享大唐文明；我们还可以面对大清的慈禧太后，与她争辩中国的历史前程；我们还可以和历史伟人毛泽东并肩战斗，促膝畅谈国运，畅谈国际国内政治；我们可以参加抗日战争，游历历史古战场……历史唯物主义认为，历史就是历史，是无法改变的。但是，我们渴求了解历史的最好方法就是亲历和参与，在漫漫的历史进程中，我们可以作为某个历史阶段的一员参与其中，在虚拟的历史阶段，体验特定阶段的文明和特征，真切感受历史文明的进程。

（五）建构故事情节，塑造人物角色，再造影视样式

基于虚拟现实的影视剧完全就是生活本身，原因在于虚拟现实只是建构了故事环境，包括灯光、场景、道具和服饰等等，剧情中的角色由参与者本人担任，每个参与者（不是演员）带着角色进入虚拟场景中，看似在演戏，其实是在经历酣畅淋漓的情感游戏和生活本身。有了虚拟现实的影视剧，我们也可以进入《007》的剧情，任意替换角色，任意选配搭档，共同完成007所应负有的任务。虚拟现实技术介入影视领域，将会彻底改变影视样式，让影视从银幕走向生活。

（六）搭建购物平台，综合多种业务，创新个性服务

基于虚拟现实的交易平台可以提供逼真的市场空间，终端的客户可以借用交互系统进入虚拟的市场环境，亲自“动手”选择商品，并且可以触摸它的质感、品尝它的口感，一切就像在现实的市场中购物一样。虽然购得的物品依然需要在现实环境中由物流的商家负责配送，但就购物的前端过程而言，顾客受到完善的、人性的和个别化服务。基于虚拟现实的交易平台不只是提供“商场购物”，还可以提供多种业务，只要是现实空间存在的交易，都可以移到虚拟现实中进行。虚拟现实不仅提供了实实在在的交易，更重要的是它提供了一种创新的个性化全程服务。凡是进入虚拟现实交易系统的客户，都可以受到“服务员”的引导和完善的服务，只要硬件系统允许，虚拟现实的服务员便可以实现一对一的服务。虚拟现实带给我们的将是全新的交易服务体验。

参 考 文 献

[1] 朱强 . 广播电视新技术 [M]. 杭州：浙江大学出版社，2004.

[2] 朱强 . 新媒体技术概论 [M]. 杭州：浙江大学出版社，2008.

[3] 毕一鸣 . 现代广播电视论纲 [M]. 北京：中国广播电视出版社，2007.

[4] 温怀疆，何光威，史惠 . 融媒体技术 [M]. 北京：清华大学出版社，2016.

[5] 张军，张浩 . 广播电视技术基础教程 [M]. 北京：国防工业出版社，2012.

[6] 张军，张浩，杨晓宏 . 广播电视技术基础 [M]. 北京：国防工业出版社，2010.

[7] 蔡兴勇 . 广播电视技术基础 [M]. 广州：暨南大学出版社，2005.

[8] 杨晓宏，刘毓敏 . 电视节目制作系统 [M]. 北京：高等教育出版社，2005.

[9] 何辅云，张海燕 . 电视原理与数字视频技术 [M]. 合肥：合肥工业大学出版社，2003.

[10] 赵坚勇 . 数字电视技术 [M]. 西安：西安电子科技大学出版社，2005.

[11] 林如俭 . 光纤电视传输技术 [M]. 北京：电子工业出版社，2001.
[12] 刘剑波 . 有线电视网络 [M]. 北京：中国广播电视出版社，2003.
[13] 王明臣，姜秀华 . 数字电视与高清晰度电视 [M]. 北京：中国广播电视出版社，2003.
[14] 杜思深，林家薇 . 现代通信原理 [M]. 北京：清华大学出版社，2004.
[15] 林福宗 . 多媒体技术基础 [M]. 北京：清华大学出版社，2001.
[16] 鲁业频 . 数字电视基础 [M]. 北京：电子工业出版社，2002.
[17] 郑志航 . 数字电视原理与应用 [M]. 北京：中国广播电视大学出版社，2001.
[18] 杜思深，林家薇 . 现代通信原理 [M]. 北京：清华大学出版社，2004.
[19] 黄升民 . 数字化时代的中国广电媒体 [M]. 北京：中国轻工业出版社，2003.
[20] 王灏，孟群 . 电视制作技术 [M]. 北京：中国国际广播出版社，2009.
[21] 黄匡宇 . 广播电视学概述 [M]. 广州：暨南大学出版社，2009.
[22] 游泽清 . 多媒体技术及应用 [M]. 北京：高等教育出版社，2003.
[23] 张琦，林正豹，杨盈昀 . 数字电视制播技术 [M]. 北京：中国广播电视出版社，2003.

[24] 王明臣，姜秀华，张永辉 . 数字电视与高清晰度电视 [M]. 北京：中国广播电视出版社，2003.
[25] 靳义增 . 广播电视编辑应用教程 [M]. 北京：北京大学出版社，2010.
[26] 陈惠芹 . 数字电视编辑技术 [M]. 上海：复旦大学出版社，2008.
[27] 张飞碧，项珏 . 数字音视频及其网络传输技术 [M]. 北京：机械工业出版社，2010.
[28] 蔡兴勇 . 广播电视技术基础 [M]. 广州：暨南大学出版社，2005.
[29] 杨晓宏，刘毓敏 . 电视节目制作系统 [M]. 北京：高等教育出版社，2005.
[30] 杨晓宏，梁丽，张军 . 现代电视节目制作技术 [M]. 北京：国防工业出版社，2005.
[31] 俞斯乐，侯正信，冯启明 . 电视原理 [M]. 北京：国防工业出版社，2004.
[32] 何辅云，张海燕 . 电视原理与数字视频技术 [M]. 合肥：合肥工业大学出版社，2003.
[33] 赵坚勇 . 电视原理与系统 [M]. 西安：西安电子科技大学出版社，2004.
[34] 刘剑波 . 有线电视网络 [M]. 北京：中国广播电视出版社，2003.
[35] 王明臣，姜秀华，张永辉 . 数字电视与高清晰度电视 [M]. 北京：中国广播电视出版社，2003.
[36] 何辅云，张海燕 . 电视原理与数字视频技术 [M]. 合肥：合肥工业大学出版社，2003.

[37] 鲁业频 . 数字电视基础 [M]. 北京：电子工业出版社，2002.

[38] 郑志航 . 数字电视原理与应用 [M]. 北京：中国广播电视体育大学出版社，2001.

[39] 林福宗 . 多媒体技术基础 [M]. 北京：清华大学出版社，2001.